Gerd Maas
Kurt Matyas
Wolfgang Stütz

Analyse alternativer Palettensysteme

Ergebnisse des Forschungsvorhabens
*SIMPAL – Simulation alternativer Palettensysteme
zur Auswahl betriebs- und volkswirtschaftlich effizienter Lösungen*
gefördert durch das
Österreichische Bundesministerium für Verkehr, Innovation und Technologie

ПС 192/2008

Preisträger

der 2. Ausschreibung Logistik Infrastruktur
im Rahmen von Logistik Austria Plus als ein Schwerpunkt des
Impulsprogramms move – Mobilität und Verkehrstechnologie

SIMPAL

Simulation alternativer Palettensysteme zur Auswahl betriebs- und volkswirtschaftlicher effizienter Lösungen

eingereicht von
Pro-LogS Stütz KEG

und den Projektpartnern
Duropack AG
**TU-Wien - Institut für Betriebswirtschaften,
Arbeitswissenschaft und BWL**

wurde durch ein internationales Expertengremium ausgewählt.

Hubert Gorbach
Vizekanzler
Bundesminister für Verkehr, Innovation und Technologie

Wien, im März 2005

Impulsprogramm move
Mobilität und Verkehrstechnologie

Bibliografische Information Der Deutschen Bibliothek:
Die Deutsche Bibliothek verzeichnet diese Publikation in der
Deutschen Nationalbibliografie; detaillierte bibliografische Daten
sind im Internet über <http://dnb.ddb.de> abrufbar.

Alle Rechte, auch des auszugsweisen Nachdrucks, vorbehalten.

© 2006 Gerd Maas / Kurt Matyas / Wolfgang Stütz
Kontakt: Maas GmbH, Gewerbegebiet Schwabering 16, D-83139 Söchtenau
buecher@maas-projekt.de

Umschlagsgestaltung: Maas GmbH, Söchtenau
Herstellung und Verlag: Books on Demand GmbH, Norderstedt

Printed in Germany.

ISBN 3-8334-5235-8

Die Autoren

Dipl.-Kfm. Gerd Maas

Ursprünglich aus dem Marketing kommend wurde Gerd Maas als beratender Betriebswirt früh mit Fragestellungen der Logistik konfrontiert. Schwerpunkt seiner Tätigkeiten waren von Anfang an auch Forschungsvorhaben insbesondere in den Bereichen Transportlogistik und zu volkswirtschaftlichen Aspekten des Güterverkehrs. Dies setzt sich auch in seiner heutigen Tätigkeit als Geschäftsführer der Maas Gesellschaft für betriebswirtschaftliche Konzeption und Organisation mbH fort.

E-Mail-Kontakt: *g.maas@maas-projekt.de*

ao. Univ.-Prof. Dr. Kurt Matyas

Kurt Matyas ist ao. Universitätsprofessor am Institut für Managementwissenschaften, Bereich Betriebstechnik und Systemplanung an der Technischen Universität Wien.
Hauptarbeitsgebiete in Forschung und Lehre sind die inner- und außerbetriebliche Logistik, die Instandhaltung (im Februar 2005 erschien die zweite Auflage des Taschenbuchs Instandhaltungslogistik) und das Qualitätsmanagement.
Neben seiner Lehr- und Forschungstätigkeit an der TU Wien (seit Anfang 2004 stellvertretender Studiendekan der Fakultät für Maschinenwesen und Betriebswissenschaften) betreut Kurt Matyas zahlreiche Beratungsprojekte in der Industrie und ist im Vorstand der BVL (Bundesvereinigung Logistik Österreich).

E-Mail-Kontakt: *matyas@imw.tuwien.ac.at*

Ing. Mag. Dr. Wolfgang Stütz

Nach einer Startphase als Einzelhandelskaufmann begann Wolfgang Stütz als Projektleiter und Berater auf dem Gebiet der Logistik. Weitere Stationen seiner Laufbahn waren die Bereichsleitung Transportlogistik bei einem führenden österreichischen Logistikberater und in der Produktivitätsberatung bevor er die Firma Pro-LogS Dr. Stütz Managementberatungs GesmbH gründete, der er heute als Geschäftsführer vorsteht.

E-Mail-Kontakt: *stuetz@prologs.at*

Inhalt

1 Einleitung ... - 15 -
2 Glossar ... - 17 -
3 Das Europaletten-Poolsystem ... - 21 -
   3.1 Geschichte ... - 21 -
   3.2 Tauschsystem ... - 23 -
   3.3 Weitere Palettenpools ... - 25 -
4 Die Europalette ... - 27 -
   4.1 Kennzeichnung ... - 27 -
   4.2 Technische Ausführung ... - 31 -
   4.3 Herstellung und Herstellerzulassung ... - 32 -
   4.4 Weitere Merkmale ... - 33 -
   4.5 Qualitätskriterien beim Tausch ... - 33 -
5 Problemfelder im Europaletten-Poolsystem ... - 35 -
   5.1 Unterschiedliche Qualität beim Tausch ... - 35 -
   5.2 Frächter wird nicht Eigentümer der Palette ... - 36 -
   5.3 Frächter trägt das Risiko des Palettentausches ... - 36 -
   5.4 Gestörter Palettentausch ... - 37 -
   5.5 Steigende Transportkosten ... - 37 -
   5.6 Gefälschte Europaletten ... - 38 -
   5.7 Mangelnde Verantwortung für Schäden ... - 38 -
   5.8 Verwendung von Europaletten in ISO-Containern ... - 38 -
6 Problemfelder der Europalette als Holzpalette ... - 39 -
   6.1 Eigengewicht ... - 39 -
   6.2 Lagerbedarf Leerpaletten ... - 39 -
   6.3 Handling-Gefahren ... - 39 -
   6.4 Reinigungsschwierigkeiten ... - 40 -
   6.5 Automation ... - 40 -
   6.6 Hygiene / Holzschädlinge ... - 40 -
7 Alternative Palettensysteme ... - 43 -
   7.1 Einweg – Mehrweg ... - 43 -
   7.2 Kauf – Tausch – Miete ... - 44 -
      7.2.1 Tauschsystem ... - 44 -
      7.2.2 Kaufsystem ... - 45 -
      7.2.3 Mietsystem ... - 46 -
8 Alternative Palettenmaterialien ... - 47 -
   8.1 Holz ... - 47 -
      8.1.1 Europalette ... - 47 -
      8.1.2 Chemiepaletten ... - 48 -
      8.1.3 Düsseldorfer Palette ... - 50 -
      8.1.4 Industriepalette ... - 50 -
      8.1.5 Holz-Einwegpaletten ... - 51 -
   8.2 Pressholz ... - 52 -
   8.3 Kunststoff ... - 54 -
      8.3.1 Arca Systems GmbH ... - 54 -

8.3.2	Cabka Plast Kunststoffverarbeitung GmbH	- 56 -
8.3.3	SinoPlaSan AG	- 57 -
8.3.4	Paul Craemer GmbH	- 58 -
8.4	Metall	- 59 -
8.4.1	Stahl	- 59 -
8.4.2	Aluminium	- 61 -
8.5	Wellpappe	- 64 -
8.5.1	Karl Pawel GmbH	- 64 -
8.5.2	Duropack Wellpappe Ansbach GmbH	- 64 -
8.5.3	Tillmann Verpackungen GmbH	- 65 -
8.5.4	Kayserberg Packaging	- 66 -
8.5.5	Sonstige Anbieter	- 66 -
9	Kritische Würdigung der Materialien und Systeme	- 67 -
9.1	Materialvergleich	- 67 -
9.1.1	Tragfähigkeit	- 67 -
9.1.2	Logistische Eigenschaften	- 68 -
9.1.3	Sonstige Eigenschaften	- 70 -
9.1.4	Lebensdauer	- 72 -
9.1.5	Anschaffungspreise	- 72 -
9.1.6	Schlussfolgerung	- 73 -
9.2	Systemvergleich	- 74 -
10	Grundlagen der Prozessbetrachtung	- 75 -
10.1	Methodik des Prozessmanagements	- 75 -
10.1.1	Grundgedanken zur Prozessorientierung	- 75 -
10.1.2	Merkmale eines Prozesses	- 75 -
10.1.3	Darstellungsformen von Prozessen	- 76 -
10.2	Ermittlung der Prozesskosten	- 76 -
10.2.1	Grundlagen der Prozesskostenrechnung	- 76 -
10.2.2	Ermittlung der Prozesszeiten	- 77 -
10.3	Definition von Prozessbereichen	- 77 -
11	Darstellung der Paletten-Prozesse	- 79 -
11.1	Überblick	- 79 -
11.2	Prozesskomponenten im Fallbeispiel	- 79 -
11.2.1	Bedarfsermittlung	- 79 -
11.2.2	Versorgung mit Paletten	- 79 -
11.2.3	Palettenverwaltung	- 80 -
11.2.4	Beschaffung/Reparatur/Ersatzbeschaffung	- 81 -
11.2.5	Behandlung Außenstände	- 81 -
11.3	Prozessdarstellungen für Europaletten	- 82 -
11.3.1	Prozessübersicht Europaletten	- 82 -
11.3.2	Prozessdarstellung Bedarfsermittlung Europaletten	- 83 -
11.3.3	Prozessdarstellung Versorgung Europaletten	- 84 -
11.3.4	Prozessdarstellung Palettenverwaltung	- 85 -
11.3.5	Prozessdarstellung Palettentausch	- 86 -
11.3.6	Prozessdarstellung Beschaffung/Reparatur/Ersatz	- 87 -

11.3.7	Prozessdarstellung Behandlung Außenstände	- 88 -
11.4	Kunststoffpaletten im Tauschsystem	- 89 -
11.4.1	Prozessübersicht Kunststoff-Mehrwegpaletten	- 89 -
11.4.2	Prozessdarstellung Bedarfsermittlung Kunststoff-Mehrwegpaletten	- 90 -
11.4.3	Prozessdarstellung Versorgung Kunststoff-Mehrwegpaletten	- 91 -
11.4.4	Prozessdarstellung Palettenverwaltung	- 92 -
11.4.5	Prozessdarstellung Palettentausch	- 93 -
11.4.6	Prozessdarstellung Ersatz	- 94 -
11.4.7	Prozessdarstellung Behandlung Außenstände	- 95 -
11.5	Einwegpaletten (ohne Tauschsystem)	- 96 -
11.5.1	Prozessdarstellung Bedarfsermittlung Einwegpaletten	- 97 -
11.5.2	Prozessdarstellung Versorgung Einwegpaletten	- 98 -
11.5.3	Prozessdarstellung Beschaffung	- 99 -
11.5.4	Transportkosten	- 100 -
11.6	Ergänzung der Prozessdarstellung: Mietsystem (Chep)	- 100 -
12	Volkswirtschaftliche Aspekte der Prozessbetrachtung	- 103 -
13	Beschreibung des Rechenmodells der internen Prozesskosten	- 107 -
13.1	Allgemeines	- 107 -
13.2	Tabellenblatt Prozesskosten	- 107 -
13.3	Tabellenblatt Variable	- 111 -
13.4	Tabellenblatt Transport	- 113 -
14	Herleitung der Formel zu Ermittlung der Palettentransportkosten	- 115 -
14.1	Paletten-Transportkosten der Europalette	- 116 -
14.2	Paletten-Transportkosten von Kunststoff-Mehrwegpaletten	- 118 -
14.3	Paletten-Transportkosten von Holz-Einwegpaletten	- 118 -
14.4	Paletten-Transportkosten von Karton-Einwegpaletten	- 119 -
15	Transportkosten mit Distanzmatrix	- 121 -
15.1	Paletten-Transportkosten der Europalette	- 121 -
15.2	Paletten-Transportkosten von Kunststoff-Mehrwegpaletten	- 122 -
15.3	Paletten-Transportkosten von Holz-Einwegpaletten	- 123 -
15.4	Paletten-Transportkosten von Karton-Einwegpaletten	- 124 -
16	Simulation der Prozess- und Transportkosten	- 127 -
16.1	Einführung	- 127 -
16.2	Ausgangslage	- 127 -
16.3	Simulation Prozess- und Transportkosten Europaletten	- 128 -
16.4	Simulation Prozess- und Transportkosten Kunststoffpalette	- 129 -
16.4.1	Simulation Prozess- und Transportkosten mit 4 Drehungen	- 130 -
16.4.2	Simulation Prozess- und Transportkosten mit 20 Drehungen	- 131 -
16.4.3	Simulation Prozess- und Transportkosten mit 50 Drehungen	- 131 -
16.4.4	Simulation Prozess- und Transportkosten mit 100 Drehungen	- 131 -
16.5	Simulation Prozess- und Transportkosten Wellpappe-Einwegpalette	- 133 -
17	Vergleich der Ergebnisse	- 135 -
17.1	Handlungsalternativen für die Wirtschaft	- 135 -
17.1.1	Unterschiedliche Qualität beim Tausch	- 138 -
17.1.2	Stellung des Frächters	- 139 -

- 17.1.3 Gestörter Palettentausch .... - 139 -
- 17.1.4 Transportkosten .... - 140 -
- 17.1.5 Weitere Problembereiche im Europalettensystem .... - 140 -
- 17.1.6 Fazit aus der Betrachtung der Europalettenproblematik .... - 140 -
- 17.2 Volkswirtschaftliche Schlussfolgerungen .... - 141 -
  - 17.2.1 Bewertung der Simulationsergebnisse .... - 141 -
  - 17.2.2 Volkswirtschaftliches Fazit .... - 144 -
- 18 Literaturverzeichnis .... - 147 -
  - 18.1 Offline-Quellen .... - 147 -
  - 18.2 Online-Quellen .... - 148 -

Abbildungsverzeichnis

Abbildung 1: Beitritte zum europäischen Flachpalettenpool bis 1993 .... - 22 -
Abbildung 2: Europaletten-Kreislauf .... - 23 -
Abbildung 3: Beschreibung „Düsseldorfer"-Palette .... - 25 -
Abbildung 4: Chemiepalette Typ 3 nach Baseler Norm 84 .... - 26 -
Abbildung 5: Europalette .... - 27 -
Abbildung 6: EUR-Wortbildmarke .... - 27 -
Abbildung 7: Bahnzeichen und Bahnlogos auf Europaletten .... - 28 -
Abbildung 8: Kennzeichnung von EPAL-qualitätsgeprüften Europaletten .... - 30 -
Abbildung 9: EPAL-Prüfklammer .... - 31 -
Abbildung 10: EPAL-Prüfnagel .... - 31 -
Abbildung 11: Maße und zulässige Abweichungen der Europalette .... - 32 -
Abbildung 12: Übersicht Palettensysteme .... - 43 -
Abbildung 13: LPR-Mietpalette .... - 46 -
Abbildung 14: Chemiepalette CP1 .... - 48 -
Abbildung 15: Spezifikation Chemiepalette CP2 .... - 49 -
Abbildung 16: Düsseldorfer Palette .... - 50 -
Abbildung 17: Industriepalette .... - 51 -
Abbildung 18: Inka-Paletten im Euro-Format .... - 53 -
Abbildung 19: Arca Systems Palette Everst .... - 55 -
Abbildung 20: Arca Systems Hygienepaletten .... - 55 -
Abbildung 21: Arca Systens Euro-Kunststoffpaletten .... - 56 -
Abbildung 22: CPP 820 PE-B Europalette mit anklippsbaren Kufen .... - 57 -
Abbildung 23: CPP 880 PE-B Europalette .... - 57 -
Abbildung 24: SinoPallet-Ultra .... - 58 -
Abbildung 25: Craemer Euro H1 Hygienepalette .... - 59 -
Abbildung 26: PMP 1208 Stahlpalette von 1Logistics Zuralski .... - 60 -
Abbildung 27: Flachpalette aus Stahlblech – Typ SP von Becker Behälter .... - 60 -
Abbildung 28: Sall Stahlpalette SP-063-A3 .... - 60 -
Abbildung 29: Klatetzki Edelstahl-Palette .... - 61 -
Abbildung 30: Brökelmann Aluminium Flachpaletten 800 x 1.200 mm .... - 62 -
Abbildung 31: Elektropolierte Alu-Palette von Klatetzki .... - 62 -
Abbildung 32: Schneider Alu-Flachpalette A16 .... - 63 -
Abbildung 33: Palette aus Wellpappe der Pawel GmbH .... - 64 -
Abbildung 34: Duro-Pal Wellpappenpalette .... - 65 -
Abbildung 35: Übersicht Vergleich Paletten unterschiedlicher Materialien .... - 67 -
Abbildung 36: Prozessdarstellung für Europaletten (Prozesslandschaft) .... - 82 -
Abbildung 37: Prozessdarstellung für Europaletten (Bedarfsermittlung) .... - 83 -
Abbildung 38: Prozessdarstellung für Europaletten (Versorgung) .... - 84 -
Abbildung 39: Prozessdarstellung für Europaletten (Palettenverwaltung) .... - 85 -
Abbildung 40: Prozessdarstellung für Europaletten (Palettentausch) .... - 86 -
Abbildung 41: Prozessdarstellung für Europaletten (Beschaffung/Reparatur/Ersatz) .. - 87 -
Abbildung 42: Prozessdarstellung für Europaletten (Behandlung Außenstände) .... - 88 -
Abbildung 43: Prozessübersicht für Kunststoffpaletten im Tauschsystem .... - 89 -
Abbildung 44: Prozessdarstellung für Kunststoffpaletten (Bedarfsermittlung) .... - 90 -

Abbildung 45: Prozessdarstellung für Kunststoffpaletten (Versorgung) ....- 91 -
Abbildung 46: Prozessdarstellung für Kunststoffpaletten (Palettenverwaltung) ....- 92 -
Abbildung 47: Prozessdarstellung für Kunststoffpaletten (Palettentausch)...................- 93 -
Abbildung 48: Prozessdarstellung für Kunststoffpaletten (Beschaffung / Reparatur / Ersatz)..- 94 -
Abbildung 49: Prozessdarstellung für Kunststoffpaletten (Behandlung Außenstände) - 95 -
Abbildung 50: Prozessübersicht für Einwegpaletten (ohne Tauschsystem).................- 96 -
Abbildung 51: Prozessdarstellung für Einwegpaletten (Bedarfsermittlung)..................- 97 -
Abbildung 52: Prozessdarstellung für Einwegpaletten (Versorgung) ....- 98 -
Abbildung 53: Prozessdarstellung für Einwegpaletten (Beschaffung).........................- 99 -
Abbildung 54: Chep-Mietpalette ....- 100 -
Abbildung 55: Berechnungsschema (Tabellenblatt Prozesskosten – obere Hälfte)...- 108 -
Abbildung 56: Berechnungsschema (Tabellenblatt Prozesskosten – untere Hälfte)..- 110 -
Abbildung 57: Berechnungsschema (Tabellenblatt Variable).....................................- 112 -
Abbildung 58: Berechnungsschema (Tabellenblatt Transport)...................................- 113 -
Abbildung 59: Anteil der Europalette an den Transportkosten in Abhängigkeit vom Gewicht der Palette..- 117 -
Abbildung 60: Interne Prozesskosten der Kunststoffpalette......................................- 132 -
Abbildung 61: Umschlagshäufigkeit zu € pro Palette und Umlauf bei 300 km Transportdistanz ....- 136 -
Abbildung 62: Kostenvergleich bei 300 km Distanz und max. 4x Umschlagshäufigkeit einer Holzpalette..- 137 -
Abbildung 63: Kostenanteile je Palettenalternative für Drehung 1 ....- 138 -

Tabellenverzeichnis

Tabelle 1: Transportkosten pro Europalette Hinfahrt .... - 121 -
Tabelle 2: Transportkosten pro Europalette Rückfahrt .... - 121 -
Tabelle 3: road pricing Kosten für eine Strecke pro Europalette bei 0,273 Cent pro gefahrenem Kilometer mit einem LKW mit mehr als 3 Achsen .... - 122 -
Tabelle 4: Transportkosten pro Kunststoffpalette Hinfahrt .... - 122 -
Tabelle 5: Transportkosten pro Kunststoffpalette Rückfahrt .... - 122 -
Tabelle 6: road pricing Kosten für eine Strecke pro Kunststoffpalette bei 0,273 Cent pro gefahrenem Kilometer mit einem LKW mit mehr als 3 Achsen .... - 123 -
Tabelle 7: Transportkosten pro Holz-Einwegpalette Hinfahrt .... - 123 -
Tabelle 8: road pricing Kosten für eine Strecke pro Holz-Einwegpalette bei 0,273 Cent pro gefahrenem Kilometer mit einem LKW mit mehr als 3 Achsen .... - 124 -
Tabelle 9: Transportkosten pro Wellpappe-Einwegpalette Hinfahrt .... - 124 -
Tabelle 10: road pricing Kosten für eine Strecke pro Wellpappe Einwegpalette bei 0,273 Cent pro gefahrenem Kilometer mit einem LKW mit mehr als 3 Achsen ... - 125 -
Tabelle 11: Kosten-Europalettenumlauf .... - 128 -
Tabelle 12: Kosten Kunststoffpalettenumlauf mit Drehung 4 .... - 130 -
Tabelle 13: Kosten Kunststoffpalettenumlauf mit Drehung 20 .... - 131 -
Tabelle 14: Kosten Kunststoffpalettenumlauf mit Drehung 50 .... - 131 -
Tabelle 15: Kosten Kunststoffpalettenumlauf mit Drehung 100 .... - 132 -
Tabelle 16: Kosten-Wellpappe-Einwegpalette .... - 133 -
Tabelle 17: Ergebnisvergleich der verschiedenen Transporthilfsmittel .... - 135 -
Tabelle 18: ARA-Entsorgungskostenindikator (20 Drehungen Kunststoffpalette) ...... - 141 -
Tabelle 19: Volkswirtschaftlicher Kostenvergleich bei 300 km Distanz (20 Drehungen Kunststoffpalette) .... - 142 -
Tabelle 20: Volkswirtschaftlicher Kostenvergleich bei 500 km Distanz (20 Drehungen Kunststoffpalette) .... - 142 -
Tabelle 21: ARA-Entsorgungskostenindikator (50 Drehungen Kunststoffpalette) ...... - 143 -
Tabelle 22: Volkswirtschaftlicher Kostenvergleich bei 300 km Distanz (50 Drehungen Kunststoffpalette) .... - 143 -
Tabelle 23: Volkswirtschaftlicher Kostenvergleich bei 500km Distanz (50 Drehungen Kunststoffpalette) .... - 143 -

1 Einleitung

Die Palette, genauer die stapelbare Flachpalette, ist aus modernen Logistiksystemen nicht mehr wegdenkbar. Sie ist *das* maßgebliche Lade-, Transport-, Umschlags- und Lagerhilfsmittel. In Europa wird bedingt durch die Normierung in den 50er Jahren die Palettenwelt dominiert vom System der Euro-Tauschpalette im Format 800 x 1.200 mm. Es gibt heute wohl kaum eine Branche oder einen Bereich in Industrie, Handel, Logistik und Handwerk dem der Umgang mit der Europalette nicht vertraut wäre. Gemessen an der Bedeutung für fast alle europäischen Produktions- und Handelsprozesse ist es jedoch erstaunlich wie wenig die Thematik Paletten in Fachveröffentlichungen und Forschungsvorhaben reflektiert wird. Ein Standardwerk der Palettenbewirtschaftung fehlt gänzlich. Dabei sind gerade die Probleme mit der Tauschpalette so alt wie das System selbst und in der Praxis ist die Kritik am Poolsystem der Europaletten oder an der Qualität der Paletten an sich allgegenwärtig. So beklagt ein Großteil von Unternehmen im Bereich Handel, Industrie und Logistik, dass sich die Qualität der Euro-Tauschpaletten gerade in den vergangenen Jahren durchweg verschlechtert hat.

Zugleich steigen aber aufgrund zunehmender Automatisierung in der Lager- und Fördertechnik die Anforderungen an die zuverlässige Funktion der Ladehilfsmittel. Verstärkt wird diese Problematik durch minderwertige, nicht normgerechte Paletten, die häufig aus Osteuropa eingeführt werden. Zudem erfordert das Tauschsystem regelmäßig einen hohen Aufwand in der Verwaltung und im Handling der Paletten, der gerade kleine und mittelständische Unternehmen besonders belastet – sowohl auf Seiten der Verlader, als auch bei den logistischen Dienstleistern. Ganz abgesehen davon, dass die tradierte Praxis des Palettentausches Tür und Tor für kleine Mogeleien bis hin zu handfestem Betrug öffnet – fast immer ohne rechtliche Konsequenzen, da entweder der Nachweis schwierig zu führen ist oder die Marktmacht des Hintergangenen keine Interventionen zulässt.

Wenn auch das Europaletten-Tauschssystem nicht nur in Europa, sondern sogar weltweit das größte offene Palettenpoolsystem darstellt, ist es doch – oder gerade wegen der Größe – mit vielfältigen Problemen und Schwierigkeiten bzw. Ineffizienzen behaftet. Es stellt sich daher die Frage, ob nicht zumindest unter bestimmten logistischen Bedingungen andere Palettensysteme effektiver und effizienter eingesetzt werden können. Bestehen andere, praktikable Mehrwegansätze für den Kreislauf von Ladehilfsmitteln? Ist die Holzbauweise zwingend die vorteilhafteste Lösung? Was kostet das Palettenhandling den Unternehmen? Welche Vorteile bieten ggf. angepasste Speziallösungen gegenüber der Allround-Palette? Können vielleicht auch Einwegsysteme betriebswirtschaftlich effizient eingesetzt werden? Kann dies bei entsprechender Wertstoffentsorgung vielleicht sogar volkswirtschaftlich sinnvoll sein? Solche und ähnliche Fragestellungen haben eine Gruppe von Wissenschaftlern und Praktikern aus Österreich und Deutschland mit Förderung des Österreichischen Bundesministeriums für Verkehr, Innovation und Technologie 2004 in Angriff genommen. Dabei entstanden sind nicht nur genaue, praxisbezogene Prozess- und Kostenanalysen zur Nutzung unterschiedlicher Palettentypen und -systeme, sondern erstmals ein Kompendium rund um die Thematik Palette.

Einleitung

Grundlage dieser Ausarbeitung ist die kritische Würdigung des bestehenden europäischen Poolpalettensystems. Darauf aufbauend werden Alternativen dargestellt und deren Eignung verifiziert. Den Abschluss bilden konkrete Handlungsempfehlungen.

Hierzu gilt es einleitend die Europalette und das bestehende europäische Poolsystem zu beschreiben. Als Vorgabe für ein Pflichtenheft alternativer Systeme müssen weiterhin die bestehenden Problemfelder rund um die Europalette untersucht werden. Systematisch wird hierbei nach den Problemen aus der Eigenschaft der Europalette als europäische Poolpalette und Tauschpalette sowie den Problemen aufgrund der Beschaffenheit der Europalette als Holzpalette unterschieden (zumal letztere Probleme auch für die alternative Holz-Einwegpalette gelten). Ein kurzes Glossar der häufig verwendeten Palettenbegriffe ist dem Bericht zur Erläuterung vorangestellt.

Der zweite Hauptteil der Publikation beschäftigt sich mit der systematischen Darstellung der Prozesse zur Organisation unterschiedlicher Palettensysteme. Dies bildet die Grundlage zur Ermittlung der Prozess- und Transportkosten in verschiedenen Szenarien und somit der Ermittlung von Kennzahlen als Kosten je Palette je Einsatz. Die Ergebnisse der Szenariorechnungen gehen in eine ganzheitliche kritische Würdigung der Thematik aus einzel- und volkswirtschaftlicher Sicht ein.

Im Folgenden werden maßgeblich Paletten im Europaletten-Format von 800 x 1.200 mm betrachtet. Sofern also in den Ausführungen im Einzelfall nicht anderweitig benannt, ist immer von diesem Format auszugehen.

Wenn ebenfalls nicht explizit anders benannt sind im Folgenden unter Paletten immer Flachpaletten zu verstehen, also Paletten ohne Seitenaufbauten.

2 Glossar

Aluminiumpalette
Vollständig aus Aluminiumbauteilen gefertigte Palette.

Bodenbretter
Bretter auf der Unterseite einer Holzpalette, mit denen die Palette auf dem Untergrund aufliegt. Man unterscheidet Bodenmittelbrett und Bodenrandbretter.

Boxpalette
Palette mit Seitenaufbauten, die die Palette zu einem stapelbaren Behälter machen (z.B. Gitterboxpalette).

Chemiepalette
oder CP-Palette. System von neun Standardpalettentypen für die spezifischen Anforderungen der chemischen Industrie in Europa.

CHEP-Palette
Blau markierte Paletten in unterschiedlichen Ausführungen und Formaten, die vom Marktführer für Mietpaletten CHEP ausschließlich vermietet werden.

Deckbretter
Bretter auf der Oberseite einer Holzpalette, auf denen das Ladegut abgestellt wird. Es werden je nach Position Deckrandbretter, Deckinnenbretter und Deckmittelbretter unterschieden.

Displaypalette
Palette die mit den Waren in den Verkaufsraum kommen.

Distanzklötze
oder einfach Klötze. Tragende Abstandshalter aus Holz, Holzwerkstoff, Kunststoff oder Stahl einer Palette zwischen Boden und den Brettern.

Doppeldeckpalette
Beidseitig verwendbare Palette, da Ober- und Unterseite gleich ausgefertigt sind.

Düsseldorfer Palette
Palette aus Holbrettern und Distanzstücken aus Stahl sowie Kunststoff-Klötzen nach DIN 15146 Blatt 4 bzw. ÖNORM A-5303 im Format 600 x 800 mm.

Eigengewicht
Gewicht einer Palette ohne Beladung.

Einwegpalette
Palette zur einmaligen Verwendung = Verlustpalette (im Gegensatz zur Mehrwegpalette).

EPAL
European Pallet Association e.V. – Palettenorganisation europäischer Eisenbahnen zur Qualitätssicherung im europäischen Palettenpool. Zugleich als Wortbildmarke ein geschütztes Kennzeichen des Europäischen Palettenpools (EPAL im ovalen Kreis).

EPP
Europäischer Palettenpool – Arbeitsgruppe europäischer Eisenbahnen im internationalen Eisenbahnverband UIC.

Europalette
EUR-Palette bzw. europäische Vierweg-Flachpalette aus Holz mit den Abmessungen 800 x 1.200 mm nach UIC Norm 435/2 (inhaltlich übereinstimmend mit ÖNORM A-5300) = Poolpalette.

Fensterpalette
Doppeldeckpalette mit Öffnungen (Fenstern) in der Bodenplatte für den Transport mit Hubwagen.

Flachpalette
Palette ohne Seitenaufbauten.

Förderhilfsmittel
Siehe Transporthilfsmittel.

Holzpalette
Abgesehen von Nieten, Nägeln, Klammern o.Ä. vollständig aus Holz gefertigte Palette.

Industriepalette
Holzpalette im Format 1.000 x 1.200 mm nach DIN 15146/3 bzw. ÖNORM A-5302.

Kartonpalette
auch Papppalette bzw. Wellpappen-Palette. In der Regel vollständig aus Wellpappe gefertigte Palette – in Ausnahmen Wabenplatten aus Papier.

Kunststoffpalette
Vollständig aus Kunststoff gefertigte Palette.

Ladehilfsmittel
Siehe Transporthilfsmittel.

Lagerhilfsmittel
Siehe Transporthilfsmittel.

Mehrwegpalette
Palette zur mehrmaligen Verwendung (im Gegensatz zur Einwegpalette / Verlustpalette).

Mietpalette
Palette die nicht gekauft, sondern nur von entsprechenden Dienstleistern angemietet werden kann. Die Palette bleibt im Eigentum des Dienstleisters.

Nagelung
Befestigung der Palettenteile bei Holzpaletten durch Ringnägel, Schraubnägel, Nagelschrauben, Drahtstifte, Konvexnägel, Rillennägel, Ankernägel usw. Die Anordnung der Nägel auf der Palette nennt sich Nagelbild.

Palette
Ein Transporthilfsmittel mit Ladefläche und Einrichtung zum Unterfahren durch Flurförderfahrzeuge. Man unterscheidet Paletten mit Seitewänden – Boxpaletten – und ohne Seitenaufbauten – Flachpaletten. Im Rahmen der Publikation wird der Begriff Palette synonym zur Flachpalette verwendet.

Papppalette
Vollständig aus Wellpappe gefertigte Palette.

Pressholzpalette
Bei hoher Temperatur und mit hohem Druck aus Holzspänen mit Bindemitteln formgepresste Palette.

Querbretter
Verlattung bei Holzpaletten zwischen den Distanzklötzen und den Deckbrettern.

Stahlpalette
Vollständig aus Stahl oder Edelstahl gefertigte Paletten.

Stapelplatte
Bezeichnung für Paletten in der DIN 15141 vom Juli 1955.

Tragfähigkeit, dynamisch
auch dynamische Traglast oder Belastung. Tragkraft einer Palette bewegt auf der Gabel.

Tragfähigkeit, statisch
auch statische Traglast oder Belastung. Tragkraft einer Palette ruhend im Stapel oder im Regal. Die statische Tragfähigkeit beträgt in der Regel das drei- bis vierfache der dynamischen Tragfähigkeit.

Glossar

Transporthilfsmittel
auch: Förder-, Lade- oder Lagerhilfsmittel. Hilfsmittel zur Zusammenfassung von Gütern zu Gebinden bzw. Ladeeinheiten. Transporthilfsmittel unterscheiden sich nach Paletten, Behältern, forminstabilen Behältnissen und sonstige Transporthilfsmittel.[1]

UIC
Union Internationale de Chemins de fer – Internationaler Eisenbahnverband – für die Normierung der Europalette verantwortlich.

Umlauf / Palettenumlauf
Kreislauf der Palette innerhalb einer geschlossenen Transportkette.

Verlustpalette
Palette zur einmaligen Verwendung = Einwegpalette (im Gegensatz zur Mehrwegpalette).

Vierwegepalette
Von allen vier Seiten für Hubwagen, Stapler, Krangabel, Regalförderfahrzeug etc. einfahrbar (im Gegensatz zur Zweiwegepalette).

Wellpappen-Palette
Vollständig aus Wellpappe gefertigte Palette.

Zweiwegepalette
Nur von zwei Seiten für Hubwagen, Stapler, Krangabel, Regalförderfahrzeug etc. einfahrbar (im Gegensatz zur Vierwegpalette).

---

[1] vgl. Schulte, Christof: Logistik, 3. Auflage, München, 1999, S. 114 f.

3 Das Europaletten-Poolsystem

3.1 Geschichte

In der Zeit nach dem zweiten Weltkrieg hatten die europäischen Eisenbahnen einen bedeutenden Anteil am Gütertransportvolumen auf mittleren und großen Entfernungen. Dabei mussten die eingesetzten Paletten, die jeweils Eigentum einer Bahn waren, nach Auslieferung zur Heimatbahn zurückgeführt werden. Aufgrund dieser Leertransporte entstand 1961 und in den Folgejahren auf Initiative der Deutschen Bahn, der Schweizer Bundesbahn und der Österreichischen Bundesbahn der Europäische Palettenpool. Im Rahmen der UIC – der Vereinigung der internationalen Eisenbahnen – schlossen eine Reihe europäischer Eisenbahnen einen Vertrag über eine in den Unterzeichnerländern tauschbare Palette – die europäische Tauschpalette oder die EUR-Flachpalette (nachfolgend durchgängig als Europalette bezeichnet) mit den Abmessungen 800 x 1.200 mm. Die Eisenbahn-Gesellschaften verpflichteten sich die Einhaltung von Normen bei der Herstellung und der Reparatur der Paletten zu überwachen bzw. zu gewährleisten und einen störungsfreien Tausch im Europäischen Paletten-Pool zu ermöglichen.[2] Dem europäischen Flachpalettenpool traten im Laufe der Jahre folgende Eisenbahnverkehrsunternehmen (EVU) bei:

EVU	*Land*	*Beitrittsdatum*
DB	Deutschland	1. Jänner 1961
ÖBB	Österreich	1. Jänner 1961
SBB	Schweiz	1. Jänner 1961
CFL	Luxemburg	1. Juli 1961
NS	Niederlande	1. Juli 1961
FS	Italien	1. Juli 1961
SNCB	Belgien	1. Juli 1961
SNCF	Frankreich	1. Juli 1961
DSB	Dänemark	1. Jänner 1962
NSB	Norwegen	1. Mai 1962
SJ	Schweden	1. Mai 1962
MAV	Ungarn	1. Jänner 1965
GySEV/ROeEE	Österreich/Ungarn	1. Jänner 1965

---

[2] vgl. Gütegemeinschaft Paletten: Portrait, online. http://www.gpal.de/1024/1024ie.htm. Gelesen 24.08.2004

EVU	*Land*	*Beitrittsdatum*
VR	Finnland	1. April 1967
PKP	Polen	1. November 1968
HZ	Kroatien	1. September 1992
SZ	Slowenien	1. September 1992
CD	Tschechien	1. Jänner 1993
ZSR	Slowakei	1. Jänner 1993

Abbildung 1: Beitritte zum europäischen Flachpalettenpool bis 1993[3]

In den letzten Jahren ist aufgrund von Organisationsveränderungen einiger Eisenbahnen die Anzahl der Poolmitglieder von 19 auf 12 geschrumpft. Neben diesen Vollmitgliedern gibt es seit Oktober 2000 auch 4 Vereinbarungsmitglieder, größtenteils frühere Vollmitglieder die am Palettentausch nicht mehr aktiv teilnehmen – sie bieten diese Serviceleistung ihren Kunden also nicht mehr an – deren Paletten aber weiterhin im Pool verwendet werden dürfen. Zu ihnen zählen die skandinavischen EVU DSB, NSB und GreenCargo. (Der Güterverkehrsbereich der SJ läuft seit der Teilung des Unternehmens im Jahr 2000 unter dem Namen GreenCargo.)[4] 1991 wurde die European Pallet Association EPAL als Reaktion auf nicht normgerechte aber als Europaletten gekennzeichnete Paletten aus Osteuropa gegründet[5]. Ausschließliches Ziel der EPAL ist es, die Qualitätssicherung von Paletten nach einheitlichen Kriterien in ganz Europa durchzuführen. Die EPAL ist das vierte Vereinbarungsmitglied des europäischen Palettenpools, wobei ihr im Rahmen der Qualitätssicherung größere Bedeutung zukommt. Nationalkomitees der EPAL bestehen in Belgien, Deutschland, Frankreich, Großbritannien, Italien, Polen, Portugal, Schweiz, Slowenien, Spanien und auch in den USA. Die ÖBB ist nicht an der EPAL beteiligt. Seit 1995 nimmt die EPAL im Palettenpool als Prüfinstanz in den beteiligten Ländern eine herausragende Rolle ein, wobei die Qualitätsprüfung mittlerweile an Organisationen wie SGS Germany (führt auch die Qualitätsprüfung für die ÖBB durch), SGS Italien oder Büro Veritas ausgelagert ist. Mittlerweile tritt die European Pallet Association in manchen Bereichen im Palettenpool quasi stellvertretend für einige ihrer Kunden auf.[6]

Der europäische Palettenpool ist heute mit über 300 Millionen Paletten im Umlauf der größte freie Palettenpool der Welt.[7]

---

[3] Quelle: Knorre, Jürgen; Hector, Bernhard: Paletten-Handbuch, Hamburg, 2000, S. 21
[4] Geht aus einem Vergleich der aktuellen Mitglieder mit den Eintrittsdaten aller Mitglieder hervor. Quelle: http://www.gpal.de/1024/pool.htm
[5] vgl. Kranke, Andre: Europaletten: Polnische Eisenbahn verliert EUR-Vergaberecht, in: Logistik inside, online. http://www.logistik-inside.de/sixcms4/sixcms/detail.php/74581/de_news. Gelesen 07.06.2004
[6] Quelle: http://www.gpal.de/1024/pool.htm und EPP-Bestimmungen.
[7] vgl. Ernst, Eva Elisabeth: Der weiße Pool, in: Logistik inside, Ausgabe 07, Juli 2004, 3. Jhg., S. 50

3.2 Tauschsystem

Das Poolsystem funktioniert als Tauschsystem. Idealerweise erfolgt der Austausch der Paletten Zug um Zug, also eine volle Palette gegen eine leere.

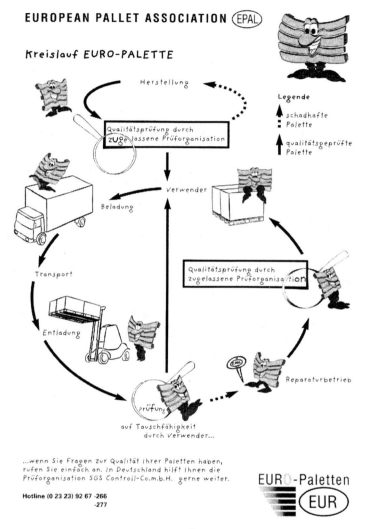

Abbildung 2: Europaletten-Kreislauf[8]

Ziel des Europaletten-Pools ist, dass jeder Beteiligte einer Transportkette seinen Bestand an Paletten und den damit verbundenen wirtschaftlichen Wert so kostengünstig wie möglich erhält und über seine Paletten schnellstmöglich wieder verfügen kann. Häufig obliegt es in erster Linie den Frächtern und Spediteuren zwischen Verladern und Empfängern den Palettenaustausch zu organisieren und dafür Sorgen zu tragen, dass ein Versender seine Paletten schnell und kostengünstig retourniert bekommt.

---

[8] Quelle: Gütegemeinschaft Paletten, in: Knorre, Jürgen; Hector, Bernhard: Paletten-Handbuch, Hamburg, 2000, S. 28

Im Idealfall des Tauschsystems im Europaletten-Pool würde eine Transportkette wie folgt aussehen: Bei der Übernahme der Ladung tauscht der Frachtführer für die übernommen Palettenladungen Leerpaletten ein. Beim Empfänger erhält er bei der Warenanlieferung wieder Leerpaletten zurück. Ist die Transportkette gebrochen wird entsprechend zwischen Palettenladung und Leerpaletten getauscht.

In der Praxis erheblich häufiger wird der Transportunternehmer wie oben beschrieben bei der Übernahme der Palettenladungen keine Leerpaletten eintauschen, sondern diese erst beim Empfänger einfordern und dann an den Versender bzw. an eine von ihm angegebene Rücklieferadresse zurückführen. Das Risiko der Tauschwilligkeit und -fähigkeit des Empfängers muss dabei häufig vom Frächter übernommen werden.

Werden die Transporthilfsmittel im speditionellen Stückgutverkehr nicht vom Verlader gestellt, wird dem Versender zumeist eine Palettentauschgebühr in Rechnung gestellt. Die Tauschgebühr beträgt in Österreich derzeit in der Regel 0,85 €. In der Kontraktlogistik entfällt diese Tauschgebühr meistens bzw. die Palettenhandling-Kosten des Frächters sind im Transportpreis eingerechnet (die Paletten werden dann auch vom Verlader gestellt).

Bei Parteien die in engen Geschäftsbeziehungen stehen werden bisweilen anstelle des physischen Palettentausches Palettenkonten geführt. D.h. die gegenseitigen Ansprüche auf Herausgabe von Tauschpaletten werden virtuell auf Konten saldiert. Der Ausgleich von Palettenschulden bzw. -guthaben kann dann periodisch entgeltlich als Wertersatz oder durch entsprechende Rückführung von Paletten erfolgen. Die Kontrolle des Systems erfolgt durch wechselseitige Vorlage von Kontoauszügen der jeweiligen Palettenkonten.
Anstelle des physikalischen Tausches werden teilweise auch anstelle von Leerpaletten sogenannte Palettenscheine ausgestellt. Mit dem Palettenschein wird das Recht auf die Herausgabe tauschfähiger Europaletten verbrieft.

Beim Tausch werden die Paletten zu einheitlichen Tauschbedingungen unter Übergang in das Eigentum des Tauschnehmers ausgetauscht. Europaletten sind rechtlich als bewegliche (§ 293 ABGB), vertretbare Sachen anzusehen. Grundsätzlich ist die beliebige Austauschbarkeit angestrebt. Der Palettenvertrag unterliegt daher – so die Beteiligten nicht ausdrücklich etwas anderes vereinbaren – den Regeln des Tauschvertrages im Sinne des § 1045 ff. ABGB. Die Mindestanforderungen tauschfähiger Paletten sind für das Poolsystem einheitlich festgelegt (vgl. hierzu auch das folgende Kapitel). Die Arbeitsgemeinschaft Palettenpool in der Wirtschaftskammer Österreich konstatiert hierzu in Ihrer Palettencharta[9]:
- Die vom Absender im Beförderungspapier angegebene Anzahl und Art der Tauschgeräte ist für den Tausch verbindlich und der Absender haftet für die Richtigkeit seiner Angaben.
- Tauschgeräte müssen in tauschbarem Zustand sein, die Übernahme nichttauschbarer Tauschgeräte ist abzulehnen.

- Schäden oder Mängel an Europaletten, die diese Paletten nicht tauschbar machen, sind Mängel wie mangelnde Tragfähigkeit oder die Möglichkeit, dass Ladegüter verunreinigt werden können, weiters Mängel wie fehlende oder gebrochene Bretter oder Klötze, sichtbare Nagel- oder Schraubenschäfte, fehlende wesentliche Kennzeichen (z.B. EUR-Zeichen) sowie offensichtlich unzulässige Reparaturbauteile.

Ist eine Europalette aufgrund von Mängeln oder Schäden nicht mehr tauschfähig kann sie von einem hierfür zugelassenen Unternehmen repariert werden oder sie muss für das Poolsystem aus dem Verkehr genommen werden – darf nicht mehr getauscht werden.

3.3 Weitere Palettenpools

Neben dem Europaletten-Pool bestehen in Europa noch zwei weitere offene Palettensysteme, allerdings von jeweils erheblich geringerer Bedeutung. Zum einen ist dies, insbesondere im Konsumgüterbereich, die Düsseldorfer Palette im Format 600 x 800 mm, die ebenfalls zwischen Produzenten, Verkehrsunternehmen und Handel frei getauscht wird.

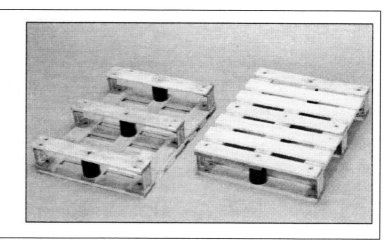

„DÜSSELDORFER"-Palette
800 x 600 mm nach Din 15146 / Blatt 4

Wiederverwendbare Display-Palette, die insbesondere im Nahrungs- und Genußmittelbereich zwischen Industrie und Handel als Tauschpalette eingesetzt wird.

Im Gegensatz zu herkömmlichen Display-Paletten können sie von allen 4 Seiten befahren werden; ein unschätzbarer Vorteil beim Handling auf engem Raum.

Abbildung 3: Beschreibung „Düsseldorfer"-Palette[10]

Außerdem existieren neun standardisierte CP-Paletten (Chemiepaletten). Dabei handelt es sich um ein System zur Organisation der Paletten in der europäischen Chemie-Industrie, initiiert vom Verband der Chemischen Industrie e.V. (VCI) Deutschland und der Association of Plastic Manufactures in Europe (APME) Belgien. Die Paletten sind in ihrer Ausführung und den Formaten speziell an die Bedürfnisse der chemischen Industrie angepasst (z.B. Transport und Lagerung von Fässern). Der Typ CP2 hat analog zur Europa-

---

[9] Arbeitsgemeinschaft Palettenpool in der Wirtschaftskammer Österreich: Die Palettencharta, online. http://wko.at/industrie/argepalpoolcharta.htm. Gelesen 07.05.2004.
[10] Quelle: PFL Palettenfabrik: Düsseldorfer Palette, online. http://www.pfl-paletten.de/duesseldorfer%20palette.jpg. Gelesen 07.05.2004

lette das Format 800 x 1.200 mm, wobei im System der Chemiepaletten die Formate 1.000 x 1.200 mm (CP1) und 1.140 x 1.140 mm (CP3) größere Bedeutung haben.

Abbildung 4: Chemiepalette Typ 3 nach Baseler Norm 84[11]

Auch in anderen Branchen bestehen in Teilbereichen eigene, branchenspezifische Palettensysteme z.B. die Brauereipalette, die Brunnenpalette, die H1 Hygienepalette in der Fleischwirtschaft etc.

Des Weiteren bestehen geschlossene Poolsysteme, bei denen Systemanbieter ihre Paletten einem Kundenkreis zur Verfügung stellen. Diese Systempaletten verbleiben jedoch im Eigentum der Dienstleisters. Der Umlauf der Palette erfolgt nach den Konditionen des jeweiligen Systemanbieters (z.B. CHEP).

---

[11] Quelle: WK Paletten AG: WK Paletten, online. http://www.wkpaletten.ch/product/frame_r.htm. Gelesen 07.05.2004

4 Die Europalette

Gemäß dem UIC-Kodex 435-2 ist die Europalette eine wieder verwendbare Vierweg-Flachpalette im Format 800 mm x 1.200 mm, die nach den Bestimmungen dieser UIC-Norm hergestellt, gütegeprüft und gekennzeichnet ist. Auf die nachfolgend beschriebenen wesentlichen Definitionen, Merkmale und Bestimmungen wird hierfür in der Gütenorm des Internationalen Eisenverbandes verwiesen.[12]

Abbildung 5: Europalette[13]

4.1 Kennzeichnung

Als wesentliche Kennzeichen der Europalette werden das als Wortbildmarke international geschützte EUR-Zeichen (EUR in einem ovalen Kreis), das geschützte Zeichen einer zulassenden Bahn (gem. Anlage der Norm) und der Herstellungscode auf den Mittelklotz genannt.

Abbildung 6: EUR-Wortbildmarke

Das Recht die EUR-Wortmarke auf Paletten anzubringen haben folgende europäische Bahnen:

---

[12] vgl. Union Internationale de Chemins de fer: UIC-Kodex 435-2: Güternorm für eine Europäische Vierweg-Flachpalette aus Holz mit den Abmessungen 800 mm x 1200 mm, 7. Ausgabe 01.07.94, Paris 1994. Geänderte Anlagen 1 und 1a sowie Anlage 3 Pkt 1.3 - 3. Absatz vom 01.01.1998

[13] Quelle: Gütegemeinschaft Paletten: EUR-Flachpalette, online. http://www.gpal.de/1024/1024ie.htm. Gelesen 08.09.04

Bahnzeichen und Logos

Liste der zugelassenen Zeichen von Bahnen und (EPAL)
an den (EUR)-Tauschpaletten

Kürzel	Land	Zeichen	Kürzel	Land	Zeichen
B	Belgien	Ⓑ	NS	Niederlande	
CD	Tschechien	CD / ĈD	NSB	Norwegen	NSB
CFL	Luxemburg	CFL	PKP	Polen	PKP / (PKP)
CSD[1]	Tschechoslow. Rep.	CSD	SBB	Schweiz	SBB
DB	Deutschland	DB / DB	SNCF[4]	Frankreich	SNCF
DR[2]	Deutschland	DR	SJ	Schweden	SJ / SJ
DSB	Dänemark	DSB	SZ	Slowenien	SZ
FS	Italien	FS	VR	Finnland	VR
HZ	Kroatien	HZ	ZSR	Slowakei	ZSR
JZ[3]	Jugoslawien	JZ	ÖBB	Österreich	ÖBB
MAV	Ungarn	MAV / (MAV)	EPAL		EPAL

[1] Herstellungsjahr laut Herstellungscode muß vor 1994 liegen
[2] Herstellungsjahr laut Herstellungscode muß vor 1995 liegen
[3] Herstellungsjahr laut Herstellungscode muß vor 1992 liegen
[4] Herstellungsjahr laut Herstellungscode muß vor Februar 1999 liegen

Abbildung 7: Bahnzeichen und Bahnlogos auf Europaletten[14]

Zum 30. April 2004 hat die UIC der Polnischen Bahn PKP die Rechte zur Vergabe des EUR-Zeichens auf Paletten entzogen. Damit sind alle Paletten die ab dem 01. Mai 2004 hergestellt sind im Europaletten-Pool nicht mehr tauschfähig. Paletten die vorher hergestellt wurden sind weiterhin tauschfähig (selbstverständlich nur wenn sie den Qualitätsanforderungen der Norm entsprechen – wobei gerade mangelhafte Qualität unter Billigung der PKP zu dieser Konsequenz geführt hatte).[15]

---

[14] Quelle: DB Cargo in: Knorre, Jürgen; Hector, Bernhard: Paletten-Handbuch, Hamburg, 2000, S. 24
[15] vgl. Kranke, Andre: Europaletten: Polnische Eisenbahn verliert EUR-Vergaberecht, in: Logistik inside, online. http://www.logistik-inside.de/sixcms4/sixcms/detail.php/74581/de_news. Gelesen 07.06.2004

Die Europalette

Nachfolgend außerdem die zulässige Kennzeichnungen speziell für *EPAL-qualitätsgeprüfte*, tauschfähige Europaletten auf den Palettenklötzen herausgegeben von der European Pallet Association e.V. als gem. UIC-Norm zulässige Palettenorganisation, der die Bahnen die Verantwortung der Zulassung übertragen können[16]:

Land	linker Klotz	Mittelklotz	rechter Klotz
Deutschland *seit 01.01.1995*	DB	EPAL D 000-0-00	EUR
DB-Auslandszulassungen Weißrußland BY*), GUS*) Litauen LT*) Lettland LV*) Niederlande NL*) Polen PL*) Rumänien RO*) Türkei TR*) Ungarn H*)	DB	EPAL AA*) 000-0-00	EUR
Frankreich *seit 01.01.1995*	SNCF	EPAL F 000-0-00	EUR
Frankreich *seit 01.02.1999*	EPAL	SNCF F 000-0-00	EUR
Schweiz (*Deutsch*) *seit 01.01.1995*	SBB < + >	EPAL CH 000-0-00	EUR
Schweiz (*Französisch*) *seit 01.01.1995*	CFF < + >	EPAL CH 000-0-00	EUR
Schweiz (*Italienisch*) *seit 01.01.1995*	FFS < + >	EPAL CH 000-0-00	EUR
Belgien *seit 01.06.1996*	B	EPAL B 000-0-00	EUR
Belgien *seit 01.08.2000*	EPAL	B B 000-0-00	EUR
Spanien *seit 01.07.1998*	EPAL	SNCF E 000-0-00	EUR
Spanien *seit 01.10.1999*	EPAL	RENFE E 000-0-00	EUR

---

[16] gem. Anlage 10 der UIC-Norm 435-2 seit 01.01.1997

Land	linker Klotz	Mittelklotz			rechter Klotz
Großbritannien seit 01.01.1999	(EPAL)	BRB	GB	000-0-00	(EUR)
Irland seit 01.01.1999	(EPAL)	BRB	IRL	000-0-00	(EUR)
Italien seit 01.03.1999	*S*	(EPAL)	I	000-0-00	(EUR)
Italien seit 01.07.2000	(EPAL)	FS	I	000-0-00	(EUR)
Slowenien seit 01.11.1996	SZ	(EPAL)	SI	000-0-00	(EUR)
Slowakei seit 01.11.1996	ZSR	(EPAL)	SK	000-0-00	(EUR)

AA ■ BY, GUS, LT, LV, NL, PL, RO, TR, H

Abbildung 8: Kennzeichnung von EPAL-qualitätsgeprüften Europaletten[17]

Der Herstellungscode 000-0-00 auf dem Mittelklotz bezeichnet in der ersten Gruppe den zugelassenen Hersteller, in der zweiten Gruppe die letzte Ziffer des Herstellungsjahres und zuletzt den Herstellungsmonat.

Alle Zeichen werden entweder eingebrannt oder geprägt und gleichzeitig braun bis schwarz eingefärbt.

Ab 01.01.2005 werden die unter Lizenz der DB hergestellten Paletten ebenfalls das EPAL-Logo auf dem linken Klotz und das DB-Zeichen auf dem Mittelklotz tragen. Dadurch wird die Zeichenvielfalt auf den linken Klötzen der Europaletten weiter vereinheitlicht.[18]

Weiterhin befindet sich bei EPAL qualitätsgeprüften Europaletten auf einem Mittelklotz eine Prüfklammer eingeschlagen.

---

[17] Quelle: European Pallet Association: Kennzeichnung EUR-Flachpaletten, online. http://www.epal-pallets.org/deutsch/framed.htm. Gelesen: 24.08.2004
[18] vgl. o.V.: Gemeinsam schlagen, in: dispo, Ausgabe 9 / 2004, 35. Jhg., S. 24

Abbildung 9: EPAL-Prüfklammer

Von EPAL anerkannten Unternehmen entsprechend der UIC Norm instand gesetzte Europaletten erhalten nach der Reparatur einen Prüfnagel.

Abbildung 10: EPAL-Prüfnagel

4.2 Technische Ausführung

Die Europalette muss auf der Gabel eines Flurförderzeuges für folgende Lasten ausgelegt sein:
- 1.000 kg wenn die Last beliebig auf der Palettenoberfläche verteilt ist
- 1.500 kg wenn die Last auf der Palettenoberfläche gleichmäßig verteilt ist
- 2.000 kg wenn die Last in kompakter Form vollflächig und gleichförmig auf der gesamten Palettenoberfläche aufliegt

Im Stapel beträgt die zusätzliche Auflast der untersten Palette maximal 4.000 kg, wenn sich die Palette auf einer ebenen, horizontalen und starren Fläche befindet und die Auflast horizontal und vollflächig aufliegt.

Gemäß der European Pallet Association sind die Bauteile der Europalette wie folgt bestimmt:

Teil	Bauteil [1]	Anzahl der Bauteile	Maße bei einem Feuchtegehalt von 22 %		
			Länge	Breite	Dicke
1	Bodenbrett	2	1 200 + 3/-0	100 ± 3	22 + 2/0
2	Deckrandbrett	2	1 200 + 3/-0	145 +5/-3	22 + 2/0
3	Bodenmittelbrett	1	1 200 + 3/-0	145 +5/-3	22 + 2/0
4	Unterzug (Querbrett)	3	800 + 3/-0	145 + 5/-3	22 +3/-0
5	Deckmittelbett	1	1 200 + 3/-0	145 + 5/-3	22 + 2/0
6	Deckinnenbrett	2	1 200 + 3/-0	100 ± 3	22 + 2/0
7	Aussenklotz	6	145 +5/-3	100 ± 3	78 + 1/0
8	Innenklotz	3	145 +5/-3	145 + 5/-3	78 + 1/0

[1] Siehe Bild unten

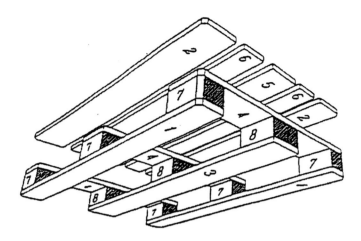

Abbildung 11: Maße und zulässige Abweichungen der Europalette[19]

In der Anlage 2 der UIC-Norm435-2 werden die zulässigen Holarten und Holzwerkstoffe, ggf. für unterschiedliche Bauteile definiert, aufgelistet. Das Holz muss weiterhin frei sein von Holzschutzmitteln, Fäulnis, Rindeneinschlüssen und aktivem Insektenbefall. Die Holzfeuchtigkeit darf 22% des Gewichtes des trockenen Holzes nicht überschreiten. Baumkanten sind bei der Verarbeitung nur bedingt zulässig – in jedem Fall aber ohne Rinde. Weitere Bestimmungen der UIC-Norm zum Holz behandeln die zulässigen Äste, Risse, Verfärbungen, Harzgallen, Insektenfraßgänge, Markröhren sowie den Holzfaserverlauf und die Verwendung von Splintholz.

Die Palettenbretter müssen aus einem Stück bestehen. Die Klötze können aus Vollholz oder Holzspanwerkstoff gefertigt sein.

4.3 Herstellung und Herstellerzulassung

In der Norm werden die zugelassenen Befestigungselemente und die Bedingungen zum Zusammenbau der Holzteile bestimmt. Ein normgerechter Zusammenbau wird mit Nagelbild und Stückliste beispielhaft angegeben. Außerdem werden die vorgeschriebenen Verfahren und Richtwerte zur Prüfung der Festigkeit und Diagonalsteifigkeit festgelegt.

Hersteller von Europaletten bedürfen der Zulassung einer Mitgliedsbahn der UIC bzw. einer Palettenorganisation von UIC-Mitgliedern (z.B. der EPAL).
Mit der Zulassung erklärt sich der Hersteller zur laufenden Qualitätsprüfung, die von anerkannten Güteprüforganisationen übernommen werden müssen, bereit. Unter laufenden Prüfungen zur Güteüberwachung sind regelmäßige unangemeldete Betriebsprüfungen und das Prüfen der vorgestellten Palettenlose zu verstehen.

---

[19] Quelle: European Pallet Association: Kennzeichnung EUR-Flachpaletten, online. http://www.epal-pallets.org/deutsch/framed.htm. Gelesen: 24.08.2004

Güteüberwachung und Stichprobengestaltung sind in der Anlage 8 der UIC-Norm 435-2 explizit erläutert

4.4 Weitere Merkmale

Neben der europaweiten Verfügbarkeit im Poolsystem und den Vorteilen aus dem standardisierten Palettenmaß sind insbesondere folgende Vorzüge der Europalette hervorzuheben:
- hohe Tragfähigkeit
- geringe Temperaturabhängigkeit
- kann bei Bedarf repariert werden
- können bei Bedarf entsorgt werden – da es sich in der Regel um unbehandeltes Holz handelt, lässt sich dieses nach Gebrauch stofflich und energetisch verwerten
- lange Haltbarkeit

Die Kosten der Europalette liegen bei 5 bis 6 € / Stk.[20]
In der Demonstrationsphase des Forschungsprojektes – Frühjahr / Sommer 2004 – wurden im untersuchten Fallbeispiel in Österreich für neue Europaletten rd. 7 € netto und für neuwertige Europaletten[21] ab Lager 5,47 € und frei Haus 5,75 € netto bezahlt.

Eine Sonderform der Europalette ist die sogenannte Holzhygienepalette. Sie ist aus Kiefernholz gefertigt und in ihren hygienischen Eigenschaften durch ein spezielles Trocknungsverfahren optimiert.

4.5 Qualitätskriterien beim Tausch

Neben der zulässigen Kennzeichnung führt die EPAL in einem Merkblatt die wesentlichen Qualitätskriterien beim Palettentausch an.[22] Merkmale für nicht tauschbare Paletten sind dementsprechend:
- Ein Boden- oder Deckrandbrett ist so abgesplittert, dass mehr als ein Nagel- oder Schraubenschaft sichtbar ist.
- Ein Klotz fehlt oder ist so gespalten, dass mehr als ein Nagel sichtbar ist.
- Ein Brett ist quer oder schräg gebrochen.
- Ein Brett fehlt.
- Mehr als zwei Boden- oder Deckrandbretter sind so abgesplittert, dass insgesamt mehr als ein Nagel- oder Schraubenschaft sichtbar ist.

Ein schlechter Allgemeinzustand spricht ebenfalls gegen die Tauschbarkeit einer Europalette:

---

[20] vgl. Mühlenkamp, Sabine: Bretter, die die Warenwelt bedeuten, in: MM Logistik, Nr. 1 / 2004, 3. Jhg., S.24 - 26
[21] gebrauchte, aber nicht beschädigte und auch nicht verschmutzte Europaletten
[22] Quelle: European Pallet Association: Tauschkriterien EUR-Flachpaletten, online. http://www.epal-pallets.org/deutsch/framed.htm. Gelesen 24.08.2004

- Die Tragfähigkeit ist nicht mehr gewährleistet (morsch und faul, starke Absplitterungen).
- Die Verschmutzung ist so stark, dass die Ladegüter verunreinigt werden.
- Starke Absplitterungen sind an mehreren Klötzen vorhanden.
- Offensichtliche sind unzulässige Bauteile verwendet worden (z.B. zu dünne Bretter, zu schmale Klötze).

Im Poolsystem können theoretisch nur Paletten getauscht werden, die allen Tauschkriterien ohne Einschränkung entsprechen.

5 Problemfelder im Europaletten-Poolsystem

Bei der großen Menge umlaufender Europaletten *"wird naturgemäß nicht nur geliefert, getauscht und abgeholt, sondern auch beschädigt, gefälscht und entwendet. Dadurch entstehen enorme Kosten. ... [Im Verkehrsgewerbe] sind sechsstellige DEM-Beträge pro Jahr aus dem Bereich Paletten nicht selten. Und ehe sich der eine oder andere kleine und mittelständische Spediteur versah, war er auf Grund von Palettenschulden pleite. Denn derartige Kosten sind bei den heutigen Gewinnmargen von oft nur bis zu einem Prozent nicht zu verkraften."*[23]

Eine Studie über die Qualität und die Wirtschaftlichkeit von Palettensystemen in Österreich des ITW WU-Wien und der ARGE Palettenpool WKÖ[24] haben folgende grundlegende Problemerfahrungen seitens Industrie, Handel und Logistikdienstleister ergeben:
- schlechte Qualität der Paletten
- Beschädigungen
- schlechte Tauschmoral
- hoher Verwaltungsaufwand für die Bestandsführung
- Konfrontation mit dem Kunden beim Tausch
- Schwund
- geringe Reparaturfreudigkeit

Künftige Probleme wurden vor allem in folgenden Bereichen identifiziert:
- Kostensteigerungen im Tauschsystem (Neukauf, Reparatur, Kontrolle, Schwund, Administration etc.)
- Kostensteigerungen durch Pfandverrechnung
- Kostensteigerungen durch Umsteigen auf Mietsystem
- Steigende Anforderungen an Palettenqualität

Folgende Problemfelder wurden ergänzend und vertiefend im Rahmen des aktuellen Forschungsvorhabens recherchiert.

5.1 Unterschiedliche Qualität beim Tausch

Ein wesentliches Problem ist die unterschiedliche Qualität der Paletten. Kein Händler ist gezwungen eine Palette anzunehmen, somit kann er durch seine Marktposition Einschränkungen erwirken. Zum Beispiel hat Spar Italien gemeinsam mit anderen italienischen Unternehmen eine Umstellung von minderwertigen auf höherwertige Paletten dadurch erwirkt, dass das Unternehmen nur EPAL zertifizierte Paletten annimmt. Für österreichische Unternehmen wurde diese Bestimmung zum großen Problem, da die ÖBB kein EPAL-Mitglied ist, obwohl sie Paletten von vergleichbarer Qualität ausgeben. Die ARGE

---
[23] Knorre, Jürgen; Hector, Bernhard: Paletten-Handbuch, Hamburg, 2000, S. 15
[24] Institut für Transportwirtschaft (Hrsg.): Ladeträgereinheiten und Ladeeinheiten: Ihre Bedeutung für die Wirtschaftlichkeit von Transportlogistikketten, Teil B: Wirtschaftlichkeit der Palettensysteme in Österreich. Seminarbericht WU Wien 2000

Palettenpool der Wirtschaftskammer Österreich hat nach langen Bemühungen erreicht, dass der Präsident der EPAL, die italienische Bahn (FS) und der Internationale Eisenbahnverband UIC eine gemeinsame Erklärung unterschrieben haben, wonach das Abweisen österreichischer Paletten verurteilenswert und als Diskriminierung gegen den Geist des Tauschsystems bezeichnet wird. Dem Europool wird dadurch insgesamt beträchtlicher Schaden zufügt und der österreichische Export in untragbarer Weise diskriminiert. Ob diese Erklärung Wirkung zeigen wird, bleibt abzuwarten.[25]

Auch bei einem der großen Dienstleister für Paletten, der Deutschen Paletten-Logistik, Soest, mit mehreren Millionen Ladungsträgern im Einsatz, ist die Palettenqualität beim Tausch ein großes Problem: *„Schwierigkeiten beim Palettentausch bereiten nach Angaben der DPL immer wieder die unterschiedlichen Anforderungen an die Qualitäten in den jeweiligen Branchen."*

Diese Problemstellung war ein wesentlicher Auslöser des zugrunde liegenden Forschungsprojektes. Im Fallbeispielunternehmen des Projektes wünscht sich ein Großteil der Kunden bei der Anlieferung neuwertige Palette – also unbeschädigte und absolut saubere Paletten. Beim Tausch werden aber nur relativ schlechte oder gar keine Paletten zurückgegeben. Wird der Europalettentausch strenger gehandhabt – sprich der Tausch halbwegs gleichwertiger Qualität zwingend eingefordert – wird schnell seitens der Kunden angedroht, dass sie den Lieferanten wechseln. Auch die fehlenden Paletten den Kunden in Rechnung zu stellen, schlug fehl, da die Kunden diese Rechnungen einfach nicht bezahlen und sie somit wieder ausgebucht werden müssen.

5.2 Frächter wird nicht Eigentümer der Palette

Eigentümer der Palette ist jener, der die Palette gerade besitzt. Die Rechtslage ist ungenau definiert, da das Tauschsystem als Handelsbrauch gesehen wird. Die Frächter sehen die Palette daher als Teil der Warensendung und übernehmen sie formell nicht in ihr Eigentum, da sie so die Palette als zusätzliches Transportvolumen verrechnen können. Auch fühlen sie sich nicht für einen eventuellen Bruch der Palette verantwortlich. Daraus resultiert ein grundsätzliches Problem des Europools, da sich ein Händler nicht gezwungen sieht, Leerpaletten an den Frächter zurückzugeben. Wenn es keine zusätzlichen Verträge gibt, ist die Tauschkette durch den Frächter somit unterbrochen.[26]

5.3 Frächter trägt das Risiko des Palettentausches

Der Kunde erwartet von seinem Frachtführer, dass die Europaletten in entsprechender Qualität der Auslieferung retourniert werden. In der Praxis erfolgt dies in der Regel unentgeltlich; Palettentauschgebühren o.Ä. können von den Speditionen insbesondere in der Kontraktlogistik gegenüber Ihren Kunden nur selten durchgesetzt werden und finden sich allenfalls in gewissen Umfang in den Frachttarifen eingepreist (im Stückgutverkehr findet

---

[25] Quelle: Gespräch mit Dr. Werner Müller, WKO, (15.12.2003) sowie http://wko.at/industrie/schlag.htm, gelesen 01/2004
[26] Quelle: Gespräch mit Dr. Werner Müller, WKO, (15.12.2003)

die Palettentauschgebühr noch Anwendung; dann wird jedoch die Palette zumeist auch vom Spediteur gestellt – es ist also mehr eine Servicegebühr für die Bereitstellung des Transporthilfsmittels als ein Entgelt für den Tausch). Außerdem wird der Transportunternehmer, um das Kundenverhältnis nicht zu stören, ggf. auch mangelnde Qualität oder Fehlmengen durch nicht getauschte Paletten aus eigenen Beständen ausgleichen bzw. zeitlich überbrücken. Problematisch ist hierbei insbesondere, dass zwischen dem Frachtführer und dem Empfänger kein vertragliches Verhältnis besteht, somit auch rechtliche Grundlagen für den Tauschvorgang der Paletten bei der Warenübergabe fehlen. Die häufig unzulängliche Dokumentation von Palettenvorgängen (Quittungen, Palettenschein, Vermerk auf den Ladelisten etc.) kommt hier erschwerend hinzu.[27] Auch sind die Fahrer mit der beim Tausch notwendigen Qualitätsprüfung häufig überfordert. Prüfung der Frachtpapiere und der Ware sowie der ordentliche Umschlag haben inhaltlich und zeitlich Priorität. Auf die Qualität der Paletten wird häufig nicht geachtet.[28]

5.4 Gestörter Palettentausch

Paletten werden vom Empfänger nicht zurückgegeben bzw. getauscht bzw. der Saldo entsprechender Palettenkonten wird nicht ausgeglichen oder durch Palettengebühren abgegolten. Nach RAA Mag. Dr. Clemens Thiele ist für Österreich festzuhalten „...*Der häufigste Streitgegenstand in ‚Palettenprozessen' bildet die unterlassene Rückgabe von Paletten, ...*" und ferner „*Der Palettenschwund, i.e. der Rückersatz für nicht getauschte Paletten, ist neben der zunehmenden Schadensentwicklung im Transportrecht das kostenträchtigste Problem vieler Spediteure und Frachtführer.*"[29] Tatsächlich kostet dies der europäischen Volkswirtschaft jährlich Millionenbeträge. Streitigkeiten zwischen Frachtführern, Speditionen, Absendern und Empfängern müssen daher immer häufiger vor Gericht geklärt werden, wobei klare Rechtsnormen oder eine kontinuierliche Rechtssprechung fehlen.[30]

Zu diesem Problemfeld auch zu rechnen ist die Kapitalbindung aufgrund verzögerten Palettentausches, wenn der Palettentausch nicht Zug um Zug erfolgt, weil keine Leerpaletten beim Warenempfänger verfügbar sind oder wenn der Frächter den Laderaum für Rückfrachten benötigt.

Hinzu kommt der bewusste Diebstahl von Europaletten in der Transportkette oder das kriminelle „tauschen" hochwertiger Paletten gegen Beschädigte.[31]

5.5 Steigende Transportkosten

Mit steigenden Transportkosten nimmt die Wirtschaftlichkeit des Tauschsystems im Europaletten-Pool ab. Dies gilt aus zwei Gründen: 1.) Durch die Notwendigkeit ggf. leere

---

[27] vgl. Knorre, Jürgen; Hector, Bernhard: Paletten-Handbuch, Hamburg, 2000, S. 51 - 54
[28] vgl. Ernst, Eva Elisabeth: Der weiße Pool, in: Logistik inside, Ausgabe 07, Juli 2004, 3. Jhg., S. 51
[29] Thiele, Clemens: Transportrechtliche Probleme beim Palettentausch, in: Österreichisches Recht der Wirtschaft, 1998, Jhg. 16, S. 390
[30] vgl. o.V.: Klare Regeln für Tausch von Paletten, in: EUWID Verpackung, Ausgabe Nr. 19, 30.08.2004, S. 23
[31] vgl. Illetschko, Peter: Auf Wiedersehen, Palette!, in: Der Standard, 11.03.2004

Tauschpaletten mitführen zu müssen, geht produktive Nutzlast verloren und 2.) müssen strukturelle, regionale Ungleichgewichte ausgeglichen werden – z.B. zwischen vorlauflastigen und nachlauflastigen Speditionen oder Depots müssen die Bestände durch reine „Palettenfahrten" ausgeglichen werden.[32]

5.6 Gefälschte Europaletten

Insbesondere mit dünneren Brettern und fehlenden Nägeln werden bei gefälschten Europaletten Kosten gespart – ein zusätzlicher Gewinn für die Fälscher von 1 bis 2 € je Palette.[33] Nachdem die Paletten die erforderlichen Qualitätsprüfungen nicht bestehen können, werden die Kennzeichen der Europalette gefälscht.

Die verminderte Tragfähigkeit aufgrund der nicht fachgerechten Produktion der gefälschten Paletten ist gefährlich. Der Hauptverband der gewerblichen Berufsgenossenschaft in Deutschland verzeichnet jährlich bis zu 14.000 Unfälle die auf den Umgang mit Paletten zurückzuführen sind. Ein bedeutender Teil dieser Unfälle wird durch nicht sachgemäß bzw. illegal reparierte oder gefälschte Europaletten verursacht.

5.7 Mangelnde Verantwortung für Schäden

Sinn der Poolsystems der Europaletten wäre es, dass jeder darauf achtet, die gerade im Eigentum befindlichen Paletten tauschfähig zu erhalten bzw. die Qualität stetig zu kontrollieren und ggf. erkannte Mängel zu reparieren bzw. die mangelhafte Palette aus dem Verkehr zu nehmen. Realität ist jedoch häufig, dass man versucht beschädigte Paletten anderen „unterzujubeln", um nicht die Reparaturkosten tragen zu müssen oder gar die Abschreibung und Entsorgungskosten für eine ausgesonderte Palette. Faire Poolteilnehmer werden also benachteiligt.

5.8 Verwendung von Europaletten in ISO-Containern

Europaletten sind für die Verwendung in den in Europa üblichen 20-Fuß- und 40-Fuß-ISO-Container nur beding geeignet. Das Innenmaß der ISO-Container von 2,33 Meter erlaubt nur eine zweireihige Beladung von Europaletten (eine längs und eine quer → 25 Paletten im 40-Fuß-Container). Rund $^1/_3$ der Ladefläche können damit nicht ausgelastet werden. Durch den unbelegten Laderaum wird außerdem die Ladungssicherung erschwert.

Die ISO-Container finden daher in Europa im Straßen- und Schienenverkehr nur sehr begrenzt Anwendung, was insgesamt ein bedeutendes Hemmnis in der Durchsetzung intermodaler Ladungsverkehre darstellt.[34]

---

[32] o.V.: Kein Palettentourismus, in Transport, Nr. 15 vom 20.08.2004, 14. Jhg., S. 14
[33] vgl. o.V.: Gefälschte Euro-Paletten vernichtet, in: Logistik Heute, Nr. 4/2001, 23. Jhg., S. 77
[34] vgl. Kommission der Europäischen Gemeinschaften: Vorschlag für eine Richtlinie des Europäischen Parlamentes und des Rates über intermodale Ladeeinheiten, COM(2003) 155 final, Brüssel, 07.04.2003

6 Problemfelder der Europalette als Holzpalette

6.1 Eigengewicht

Mit einem Eigengewicht von über 20 kg – durchschnittlich 25 kg – weisen Europaletten ein hohes Eigengewicht auf. Die Paletten dürfen z.B. nach den Vorschriften der deutschen Berufsgenossenschaften nicht mehr von Hand bewegt werden – für jede Palettenbewegung wird eine Hubwagen, Gabelstapler oder andere Förderfahrzeuge und -einrichtungen benötigt.

Das Gewicht der Palette beeinflusst einerseits direkt die variablen Logistikkosten eines palettierten Gutes (z.B. Kraftstoffverbrauch beim Transport) und beschränkt andererseits die Nutzlast von Transportmitteln, Lagereinrichtungen etc. – was sich indirekt ebenfalls auf die Logistikkosten auswirkt. Da die Logistikkosten auch einen gewissen Indikator für die externen Kosten der Logistik bieten, wirkt sich das Eigengewicht eines Transporthilfsmittels direkt und indirekt auf die betriebs- und volkswirtschaftliche Effektivität eines Logistiksystems aus.

Außerdem kann das Gewicht einer Palette durch Regen und Feuchtigkeit bis auf 30 kg anwachsen.

Bei angenommenen 36 Palettenplätzen im Lkw-Zug resultiert daraus eine Varianz im Gewicht allein der Transporthilfsmittel von zusätzlich 180 bis 360 kg – beim Transport von Leerpaletten (bis zu 500 Stk. auf dem Sattelzug) ergibt sich ein möglicher Gewichtszuwachs von 2,5 bis zu 5 Tonnen! Dass sich hieraus vermehrter Kraftstoffverbrauch und entsprechend höhere Emissionen ergeben, liegt auf der Hand (außerdem: Reifenabnutzung, Fahrzeugverschleiß etc.).

Neben den zusätzlichen Betriebskosten des Lkw wird die Nutzlast des Lkw entsprechend beschränkt.

6.2 Lagerbedarf Leerpaletten

Europaletten benötigen in der Lagerung der Leerpaletten nicht unerheblichen Lagerpatz – dies gilt insbesondere im Vergleich zu Paletten mit nestbaren (ineinander stapelbaren) Füßen, z.B. bestimmte Kunststoffpalette oder die INKA-Pressspanpalette.

6.3 Handling-Gefahren

Neben dem erschwerten bzw. unmöglichen manuellen Handling der Europalette aufgrund des hohen Eigengewichtes von 20 bis 30 kg – und damit verbundener Verletzungsgefahren, falls sie doch gehandhabt wird – bergen die Baukomponenten der Europaletten (Holz, Nägel, Schraubennägel) bei Beschädigungen Verletzungsgefahr für das logistische Personal: z.B. herausstehende Nägelköpfe, herausstehende Nägel an Bruchstellen, Holzsplitter an Bruchstellen etc.

6.4 Reinigungsschwierigkeiten

Die Flüssigkeitsaufnahme des Holzes erschwert die Reinigung verschmutzter Europaletten. Verunreinigungen durch Flüssigkeiten wie z.B. Öle oder Chemikalien können überhaupt nicht mehr entfernt werden.

6.5 Automation

Automatische Fördersysteme in Produktionsanlagen und automatische Hochregallager benötigen für einen einwandfreien Betrieb qualitativ hochwertige Paletten. Durch Beschädigungen an Paletten wie Absplitterungen oder herausstehende Nägel können die empfindlichen elektronischen Steuerungen gestört werden. Der Bruch von Paletten aufgrund von Beschädigungen wirkt sich in automatischen Systemen noch gravierender aus als in der manuellen Kommissionierung und Produktionszuführung.[35]

6.6 Hygiene / Holzschädlinge

Auch nach intensiver Recherche bleibt offen, ob der Hygieneaspekt – sprich Probleme der Verkeimung – als Nachteil der Europalette aus Holz gegenüber der Kunststoffpalette zu sehen ist oder ob die Holzpalette nicht sogar diesbezüglich der Kunststoffpalette überlegen ist! Auch wenn die Vorschriften zur Begasung bzw. Hitzebehandlung im Übersee-Export (und künftig auch umgekehrt bei der Einfuhr in die Europäische Union) vordergründig gegen die Eignung von Holz in Bezug auf Keimresistenz sprechen, besteht objektiv betrachtet ein facettenreiches Für und Wider.
(Es wäre ja durchaus denkbar, dass die schärferen Einfuhrbestimmungen auf eine wissenschaftlich nicht 100% belegbare Überreaktion auf die Epidemieängste in Zusammenhang mit BSE, Schweinepest, SARS, Vogelgrippe etc. zurückzuführen sind.)
Einige Aspekte dieses Disputes werden nachfolgend festgehalten:
Pro Kunststoff:
- Die Paul Craemer GmbH gibt für ihre Euro H1-Hygienepalette aus einer Kundenzufriedenheitsstudie 1999 in der Fleischbranche an: *„... Grund für die Ablehnung der Holzpalette (Anm.: in der Fleischindustrie) ist die mögliche Keimverschleppung. Denn eine bakteriologische Unbedenklichkeit sollte garantiert werden können. Auch die Risiken einer geschlossenen Palette (Anm.: durchgehende Fläche), bei der durch mögliche Risse Feuchtigkeit in den Hohlkörper eindringen kann und damit keine tadellose Reinigung mehr möglich ist, wurde als kritisch befunden. ... Sie (Anm.: die Euro H1) besitzt wie die anderen Craemer Kunststoffpaletten auch, eine offene Palettenoberfläche und kein Hohlkammersystem. Daher sind mögliche Haarrisse oder Beschädigungen wie bei geschlossenen Deckenoberflächen ausgeschlossen, und es kann nicht zu Kondensatbildung oder Keimverschleppung führen, wie es bei geschlossenen Kunststoffpaletten oder gar Holzpaletten vorkommen kann. Die Euro H1 ist somit absolut bakteriologisch*

---

[35] vgl. Ernst, Eva Elisabeth: Das ewige Problem mit der Tauschpalette, in: Logistik inside, Ausgabe 06, Juni 2004, 3. Jhg. S. 43

unproblematisch, damit hygienisch unbedenklich und in herkömmlichen handelsüblichen Waschanlagen sehr leicht zu reinigen. Damit entspricht die Euro H1 Hygienepalette den HACCP-Anforderungen ..."[36]

Pro Holz:

- Fracht + Materialfluss, Ausgabe 2 / 2004, S. 33 „Das Holz machts!": *„... In einem Forschungsprojekt der Biologischen Bundesanstalt für Land- und Forstwirtschaft in Braunschweig wurde beispielsweise nachgewiesen, dass Kiefernholz eine keimtötende Wirkung hat. Auf Kiefernholz aufgebrachte Bakterien reduzieren sich nicht nur an der Oberfläche, sondern auch im Innern des Holzes. Im Gegensatz dazu akkumulieren sich bei Kunststoffprodukten zunächst die infektiösen Keime, bevor sie sich nach circa 12 bis 24 Stunden wieder reduzieren. Es konnte zudem belegt werden, dass Holzpaletten allgemein rund 15 Prozent niedrigere durchschnittliche Keimzahlen aufweisen als Kunststoffpaletten. Im Falle der Holzhygienepaletten war die durchschnittliche Keimzahl sogar noch niedriger. ..."*[37]

- in „Mit Kunststoffpaletten auf dem hygienischen Holzweg" unter www.paletten.de wird ebenfalls auf obige Untersuchung der Bundesanstalt eingegangen. Die antibakterielle Wirkung wurde auch bei anderen heimischen Holzarten festgestellt – bei der Kiefer war sie jedoch am stärksten. Zu obigen Ausführungen ergänzend wurde festgestellt:[38] *„... Selbst bei wiederholtem Bakterieneintrag bleibt die antibakterielle Wirkung erhalten. ... Die Ursachen der antibakteriellen Wirkung von Holz liegen in seiner hygroskopischen Eigenschaft sowie den Holzinhaltsstoffen. Die Forschungsergebnisse wurden anschließend in der Praxis überprüft. Dazu überwachte das Deutsche Institut für Lebensmitteltechnik einen Feldversuch mit 14 Betrieben aus der Fleisch- und Milchwirtschaft sowie dem Gemüse- und Backwarenbereich, in denen handelsübliche Holzpaletten, 500 spezielle Holzhygienepaletten sowie Paletten aus Kunststoff zum Einsatz kamen. Die sog. Holzhygienepalette ist dabei aus Kiefernholz gefertigt und in ihren hygienischen Eigenschaften durch ein spezielles Trocknungsverfahren optimiert. ... Hier (Anm.: bei der Holzhygienepalette) ist die mikrobielle Belastung im Durchschnitt lediglich halb so hoch wie bei der Kunststoffpalette. ..."*[39]

Fakt bleibt jedoch, dass Paletten aus Massivholz zunehmend Einfuhrbeschränkungen unterliegen. Immer mehr Ländern – gerade wichtige Handelsnationen wie China, USA, Kanada, Australien, Neuseeland – fordern eine Hitzebehandlung, eine Begasung des Holzes und / oder amtliche Pflanzengesundheitszeugnisse bei der Einfuhr der Paletten. Be-

---

[36] Paul Craemer GmbH: Euro H1-Hygienepalette - eine branchenübergreifende standardisierte Lösung, online. http://www.craemer.de/Kunststoffpaletten_EURO_H1_Referenzen.htm. Gelesen 31.03.2004
[37] Ruthenberg, Robert: Das Holz machts! in: Fracht + Materialfluss, Nr. 2 / 2004, 36. Jhg., S. 33
[38] siehe außerdem: GROW e.V. - Verein für umweltfreundliche Holzverpackungen: Wissenschaft belegt: Holz hygienischer als Kunststoff, online. http://www.grow-deutschland.de/grow/html/publik/holz_hyg.htm. Gelesen 24.08.2004
[39] Bundesverband Holzpackmittel, Paletten, Exportverpackung e.V.: Mit Kunststoffpaletten auf dem hygienischen Holzweg, online. http://www.paletten.de/meldungen.htm. Gelesen 31.03.2004

gründung hierfür ist insbesondere auch der Schutz der eigenen Wälder vor fremden Holzschädlingen.[40]

Grundlage ist der IPPC-Standard (ISPM15 – International Plant Protection Convention) der UN-Organisation FAO (Food and Agriculture Organisation): Holzpaletten und jegliche Verpackung aus Massivholz müssen einer Hitzebehandlung (mind. 30 min. 56° C Kerntemperatur) oder Begasung mit Methylbromidgegen Schädlingsbefall unterzogen werden und gem. IOOC-Standard gekennzeichnet werden. In der EU tritt diese Regelung ab 01. Juli 2004 in Kraft.[41]

---

[40] vgl. Enns, Monika: Vielseitig und hart im nehmen, in: Fracht + Materialfluss, Nr. 2 / 2004, 36. Jhg., S. 30
[41] vgl. Mühlenkamp, Sabine: Bretter, die die Warenwelt bedeuten, in: MM Logistik, Nr. 1 / 2004, 3. Jhg., S.24 - 26

7 Alternative Palettensysteme

Generisch kann der Einsatz von Paletten einerseits nach der Wiederverwendbarkeit der Transporthilfsmittel und andererseits nach den Eigentumsverhältnissen unterschieden werden, was als Übersicht in einer Matrix wie folgt dargestellt werden kann.

Paletten-system	Einweg	Mehrweg
Kauf	X	X
Tausch		X
Miete		X

Abbildung 12: Übersicht Palettensysteme

Die einzelnen Varianten werden nachfolgend kurz definiert.

7.1 Einweg – Mehrweg

Grundlegend lässt sich der Einsatz von Paletten dahingehend differenzieren, ob die Transporthilfsmittel für den einmaligen Gebrauch gedacht sind oder wieder verwendet werden können.

In einem Einwegsystem verzichtet der Versender auf die Rückgabe oder Erstattung der Palette (man spricht daher auch von Verlustpalette). Die Einwegpalette ist daher für den einmaligen Gebrauch konzipiert – was nicht bedeutet, dass sie unter Umständen nicht mehrfach verwendet werden kann (sprich der Empfänger die Palette nicht anderweitig nochmals einsetzen kann). Die Paletten unterliegen jedoch keiner Normierung. Einwegpaletten werden insbesondere dann eingesetzt, wenn sie für bestimmte Transportgüter konstruiert werden (Sonderanfertigungen) oder wenn der Versand auf Mehrwegpaletten logistisch unsinnig wäre (z.B. im Übersee-Export).

Einwegpaletten gibt es aus Holz, Pressholz, Kunststoff und Wellpappe. Einwegpaletten können in der Regel in Bezug auf Stabilität und Tragfähigkeit einfacher gebaut werden. Sie müssen nicht für eine Vielzahl theoretisch möglicher Belastungen geeignet sein, sondern nur für eine bestimmte Beladung in einer Lieferkette. Die Paletten sind daher auch meistens günstiger als Mehrwegpaletten. Ggf. werden sie speziell nach Kundenspezifikation hergestellt.

In einem Mehrwegsystem werden die Paletten zwischen Versender und Empfänger getauscht, zurückgeführt oder weiterverkauft. Die Transporthilfsmittel müssen daher für den mehrfachen Gebrauch stabil genug ausgeführt sein und unterschiedliche Belastungen in Bezug auf Gewicht und Auflage aufnehmen können. Um Qualitätskriterien in Mehrweg-systemen – insbesondere in unternehmensübergreifenden Poolsystemen – durchzusetzen, werden Normierungen der Paletten angestrebt (UIC-Norm, Ö-Norm, DIN etc.).

Mehrwegpaletten werden in erster Linie aus Holz, Kunststoff oder Metall bzw. Kombinationen dieser Materialien gefertigt.

7.2 Kauf – Tausch – Miete

7.2.1 Tauschsystem

Zur generellen Charakterisierung eines Tauschsystems für Paletten lassen sich die im März 2004 von der Deutschen Industrie- und Handelskammer initiierten „Rheinischen Palettenklauseln" heranziehen, die künftig als gemeinsame Empfehlung der wichtigsten deutschen Verkehrs- und Wirtschaftsverbände[42] die Pflichten von Versender, Empfänger und Transporteur genau bestimmen sollen, um damit Rechtssicherheit herzustellen.[43]

Der sogenannte „Bonner Palettentausch" gilt, wenn der Transporteur keine eigenen Paletten einbringt:
- Das Transportunternehmen holt die palettierten Waren beim Versender ab und liefert sie an den Empfänger. Die Paletten gehen dabei in das Eigentum des Empfängers über.
- Der Empfänger händigt dem Transportunternehmen Leerpaletten aus, die in Art und Qualität den beladenen, ausgelieferten Paletten entsprechen. Das Transportunternehmen liefert die Leerpaletten beim Versender ab.
- Wurden an das Transportunternehmen am Abgabepunkt keine Leerpaletten ausgehändigt, ist es von der Rückgabepflicht an den Versender befreit.

Der sogenannte „Kölner Palettentausch" gilt, wenn das Transportunternehmen eigene, tauschfähige Paletten einbringt:
- Das Transportunternehmen holt die palettierten Waren beim Versender ab und händigt im Gegenzug Leerpaletten gleicher Anzahl, Art und Güte aus. Die Paletten wechseln bei der Übergabe den Besitzer. Analog erfolgt der Tausch beim Empfänger.
- Kann das Transportunternehmen an der Beladestelle oder der Empfänger an der Entladestelle keine oder nicht genügend Leerpaletten zum Tausch bereitstellen, ist er verpflichtet, diese nachzuliefern.

---

[42] Bundesverband der Deutschen Industrie (BDI), Bundesverband für Groß- und Außenhandel (BGA), Bundesverband Werkverkehr und Verlader (BWV), Centrale für Coorganisation (CCG), Hauptverband des Deutschen Einzelhandels (HDE), Deutscher Speditions- und Logistikverband (DSLV), Bundesverband Güterkraftverkehr, Logistik und Entsorgung. Vgl. o.V.: Die maßgeblichen Verbände einigen sich auf einheitliche Regeln für den Palettentausch, in: Logistik inside, Ausgabe 09 September 2004, 3. Jhg., S. 20

[43] vgl. o.V.: Klare Regeln für Tausch von Paletten, in: EUWID Verpackung, Ausgabe Nr. 19, 30.08.2004, S. 23

Maßgebliches Kriterium für ein Tauschsystem ist grundsätzlich der Eigentumsübergang: Der Landungsträger der palettierten Ware geht in das Eigentum des Empfängers über und die eingetauschte Leerpalette in das Eigentum des Verladers oder Frächters (je nachdem wer der Eigentümer der Palette aus der Anlieferung war).

Für das Funktionieren eines Tauschsystems sind Kriterien für die Qualität der Paletten beim Tausch notwendig. Durch Normierungen der technischen Ausführung der Paletten und Organisationen, die Tauschstandards festlegen und kommunizieren, können derartige Qualitätskriterien festgelegt und durchgesetzt werden – im Falle des Europaletten-Tauschpools z.B. über die UIC Norm 435-2 und die European Pallet Organisation als Organisation für „die Qualitätssicherung von wieder verwendbaren Europaletten weltweit nach einheitlichen Kriterien inklusive Tausch"[44] bzw. über die angeschlossenen Eisenbahn-Unternehmen der UIC in Europa.

Der Europaletten-Pool ist das einzige wirklich offene, branchen- und länderübergreifende Tauschsystem für Palette in Europa (und in seiner Art das größte weltweit). Andere standardisierte Paletten – wie die Düsseldorfer Palette oder die Industriepalette werden ebenfalls getauscht; nachdem die Palettentypen aber in erheblich geringerem Umfang in Umlauf sind, konzentriere sich intensive Tauschvorgänge zumeist auf bestimmte Branchen oder Logistikkanäle.

7.2.2 Kaufsystem

In einem Kaufsystem beschafft der Verlader die Paletten und sie verbleiben in der Lieferkette in seinem Eigentum oder werden Bestandteil der Lieferung. Bei der Versendung der Waren gestaltet der Verlader das Handling der Paletten als Einweg- oder Mehrwegsystem.

Im Einwegsystem verzichtet er grundsätzlich auf eine Rückführung der Transporthilfsmittel – der Verlust der Palette wird bewusst in Kauf genommen. Die Palette wird quasi Bestandteil der Ware und geht mit ihr in das Eigentum des Empfängers über (der sie unter Umstände auch wieder einsetzen kann).

Organisiert der Verlader ein Mehrwegsystem mit eigenen Paletten, muss er die Leerpaletten nach der Auslieferung wieder vom Empfänger zurückführen. Dies geschieht entweder sofort bei der Auslieferung (die Waren werden beim Empfänger vom Ladungsträger abgeladen) oder die Leerpaletten werden zu einem späteren Zeitpunkt gesondert abgeholt oder es wird sozusagen Zug-um-Zug mit Beständen aus vorhergehenden Lieferungen „getauscht". In jedem Fall bleibt der Verlader Eigentümer der Paletten (auch wenn sie ggf. mit oder ohne Waren beim Empfänger eingelagert werden). Zur Sicherung der Eigentumsrechte kann die Überlassung einer Palette ggf. mit einer Pfandgebühr belegt werden, die nach vereinbarungsgemäßer Rückgabe erstattet wird.

---

[44] European Pallet Organisation: Kurzportrait, online. http://www.epal-pallets.org/deutsch/framed.htm. Gelesen 04.03.2004

Eine weitere Variante mit Kaufpaletten in einem Mehrwegsystem wird im Pool der Chemiepaletten praktiziert. Die Paletten werden an den Empfänger weiterverkauft.[45]

7.2.3 Mietsystem

In einem Mietsystem wird die Bewirtschaftung der Ladungshilfsmittel weitestgehend an einen Outsourcing-Partner ausgelagert. Spezielle Dienstleistungsunternehmen stellen gegen fallweise Bezahlung einen Palettenpool zur Verfügung. Dem Verlader werden die Paletten bedarfsgerecht angeliefert oder zur Abholung bereitgestellt. Die Leerpaletten werden vom Paletten-Dienstleister beim Ladungsempfänger wieder abgeholt und nach Qualitätskontrolle sowie ggf. Reparatur und Reinigung wieder eingesetzt. Die Palette bleibt zu jeder Zeit im Eigentum des Dienstleistungsunternehmens.

Die Mietkosten bestimmen sich einerseits aus Art, Qualität und Menge der Paletten sowie andererseits aus den Serviceleistungen für die Anlieferung, die Vermietung, ggf. in Abhängigkeit von der Mietzeit, und dem Abholservice.

Weltmarktführer in diesem Segment ist das australische Unternehmen Chep (wird nachfolgend noch näher vorgestellt). Weltweit befinden sich derzeit rd. 218 Millionen blau markierte Paletten im Chep-Pool.

In Europa ist der französische Anbieter LPR (**L**ogistic **P**ackaging **R**eturn) nach eigenen Angaben der zweitgrößte Palettenverleiher hinter Chep. In 2003 hatte LPR in Europa 16,5 Millionen seiner rot markierten Paletten im Pool.

Abbildung 13: LPR-Mietpalette

Als Variante zu den reinen Mietsystemen à la Chep bieten Dienstleister auch unmarkierte Europaletten zur Miete an. Die Europaletten werden dabei vom Dienstleister zum Verlader geliefert bzw. für ihn bereitgestellt und ihm monatsweise gegen eine Mietgebühr zur Verfügung gestellt. Am Ende der Mietzeit muss der Verlader dem Vermieter die entsprechende Anzahl tauschfähiger Europaletten zurückgeben.[46] Anbieter sind z.B. der Paletten-Service Hamburg oder PAKi Logistics GmbH.

---

[45] vgl. Verband der Chemischen Industrie e.V.: Handbuch für Verpackungen, Stand: Mai 2004, Kap. 2 S. 2
[46] vgl. Ernst, Eva Elisabeth: Die Zukunft liegt im Service, in: Logistik inside, Ausgabe 09, September 2004, 3. Jhg., S. 44 - 45

8 Alternative Palettenmaterialien

8.1 Holz

Nachfolgend werden die häufigsten Holz-Mehrwegpaletten-Systeme – die Europalette, die Düsseldorfer Palette, die Chemiepalette und die Industriepalette – sowie die Holz-Einwegpalette dargestellt. Auf weitere branchenspezifische oder für spezielle Lasten ausgerichtete Palettensysteme mit Holzpaletten wie der Brauereipalette, die Brunnenpalette oder verschiedene, teilweise auch standardisierte Displaypaletten sei in dieser Stelle nur kurz der Vollständigkeit halber verwiesen. Aufgrund der mangelnden Signifikanz für die Logistik palettierter Waren insgesamt werden diese Systeme aber nicht eingehender behandelt.

8.1.1 Europalette

Gemäß UIC Norm 435-2 des Internationalen Eisenbahnverbandes ist die Europalette eine Vierweg-Flachpalette aus Holz mit den Abmessungen 800 mm x 1.200 mm. Gemäß Anlage 2 der Norm sind für die Bretter grundsätzlich Nadelholz (Tanne, Fichte, Kiefer, Lärche) und Weich-Laubholz (Erle, Birke und teilweise Pappel) sowie Hart-Laubholz (Eiche, Esche, Buche, Ulme, Akazie, Ahorn, Platane, Edelkastanie) zulässig. Andere Holzarten sind erlaubt, wenn sie mindestens die gleichen mechanischen Eigenschaften wie die genannten Holzsorten aufweisen. Für die Klötze dürfen auch Holzwerkstoffe verwendet werden (Holzspanwerkstoff). Bretter und Klötze werden durch Klammern und Nägel aus Metall verbunden.

Gemäß UIC-Norm müssen Europaletten eine dynamische Tragfähigkeit von 1.000 kg bis 2.000 kg – je nach Verteilung der Last auf der Palette – aufweisen. Die statische Tragfähigkeit muss 4.000 kg betragen.

Je nach verwendeten Hölzern differiert das Eigengewicht einer Europalette. Außerdem kann das Eigengewicht durch Feuchtigkeit erheblich zunehmen. In der Speditionsbranche wird in der Regel von einem durchschnittlichen Gewicht der Europalette von 25 kg ausgegangen.

Der Europäische Wirtschaftsdienst gibt die Preise für Europaletten im Juni und August 2004 wie folgt an:[47]

Europaletten	August 2004	Juni 2004
neue	5,75 – 7 €	5,95 – 7 €
1. Wahl	5,75 – 6,65 €	5,65 – 6,65 €
Speditionsqualität	4,55 – 6,10 €	4,60 – 5,10 €

---

[47] vgl. o.V.: Engpässe bei 1.-Wahl-Paletten führen zu höherer Nachfrage nach neuen EUR, in: EUWID Verpackung, Ausgabe Nr. 19, 30.08.2004, S. 23

8.1.2 Chemiepaletten

Vom Verband der Chemischen Industrie e.V. (VCI) in Deutschland und dem europäischen Verband der Kunststoffhersteller (Association of Plastic Manufacturers in Europe) wurden neun standardisierte Mehrwegpaletten aus Holz für die Verwendung in der europäischen Chemieindustrie definiert.

Die Standardisierung der Chemiepaletten bestimmt die Herstellung der Paletten mit Holzbrettern von in Europa gewachsenen Nadelbäumen (Douglastanne, Fichte, Kiefer, Lärche, Rotkiefer, Silbertanne oder Weißtanne) und in Europa gewachsenen Laubbäumen (Ahorn, Akazie, Birke, Buche, Eiche, teilweise Erle, Esche, teilweise Pappel, Platane, Rosskastanie oder Ulme). Bei entsprechenden Biegfestigkeiten dürfen auch andere Hölzer verwendet werden. Ähnlich der UIC-Norm für die Europaletten werden die Anforderungen an die Qualität und die Feuchtigkeit des Holzes bestimmt. Die Distanzklötze der Palette dürfen optional zu Holz aus Pressholz oder Kunststoff gefertigt sein. Als Befestigungsmittel sind Nägel und Klammern aus Stahl zugelassen.[48]

Im System der Chemiepaletten werden hinsichtlich Palettenqualität, Sicherheit und Umweltschutz hohe Standards verlangt. Produktion, Wiederaufbereitung und Reparatur erfolgt ausschließlich durch registrierte Unternehmen. Es besteht ein europaweites Rücknahmesystem durch registrierte Palettendienstleister. Ansonsten wird im Austausch der Paletten zwischen Unternehmen der chemischen Industrie der Palettenpreis im Verkaufspreis der Waren berücksichtigt. Der Empfänger hat dann die Möglichkeit die Palette wieder einzusetzen oder einem Palettenhersteller zuzuführen, der die Palette bei bestandener Qualitätsprüfung wieder ins System einbringt.[49]

Am häufigsten wird der Typ1 der Chemiepaletten im Format der Industriepalette 1.000 x 1.200 mm eingesetzt.

Abbildung 14: Chemiepalette CP1[50]

---

[48] vgl. Association of Plastic Manufacturers in Europe: Paletten für die Chemische Industrie, Ausgabe 6, Brüssel, April 2004
[49] vgl. Verband der Chemischen Industrie e.V.: Handbuch für Verpackungen, Stand: Mai 2004, Kap. 2 S. 2
[50] Quelle: Handelsagentur E. Lange GesmbH: Produktdatenblatt Chemiepaletten, online. http://www.palettenboerse.at/pdfs_downl/Chemiepaletten.pdf. Gelesen 10.09.2004

Der Typ CP2 der Chemiepaletten entspricht im Format der Europalette und wird dementsprechend im Einsatz auch im konsumnahen Bereich als Ersatz für die Europalette empfohlen

Die CP2 hat bei einem Eigengewicht von 24 kg eine dynamische Tragfähigkeit von 1.500 kg und eine statische Tragfähigkeit von 4.000 kg.

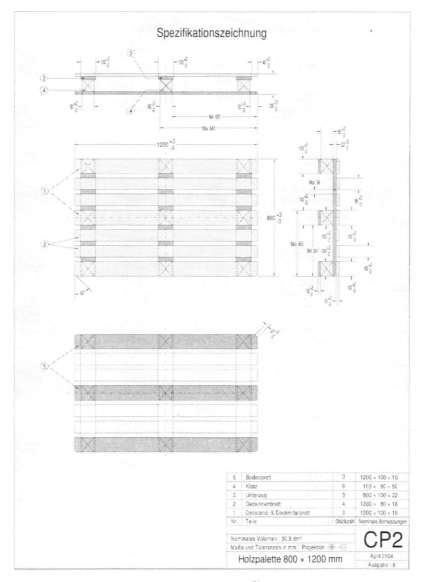

Abbildung 15: Spezifikation Chemiepalette CP2[51]

Die weiteren CP-Palettentypen haben die Formate in mm 1.140 x 1.140 (CP3, CP8, CP9), 1.100 x 1.300 (CP4), 760 x 1.140 (CP5), 1.200 x 1.000 (CP6) und 1.300 x 1.100 (CP7).

---

[51] Quelle: vgl. Association of Plastic Manufacturers in Europe: Paletten für die Chemische Industrie, Ausgabe 6, Brüssel, April 2004, S. 19

Die Preise für Chemiepaletten werden vom Europäischen Wirtschaftsdienst im Sommer 2004 wie folgt angegeben:[52]

Chemiepaletten	August 2004	Juni 2004
CP1	5,60 – 5,95 €	5,60 – 5,95 €
CP2	4,45 – 4,65 €	4,45 – 4,65 €

8.1.3 Düsseldorfer Palette

Die Düsseldorfer Palette ist ein wieder verwendbare Vierweg-Displaypalette im halben Europaletten-Format nach DIN 15146 / Blatt 4 bzw. ÖNorm A-5303. Die Düsseldorfer Palette wird aus Holzbrettern mit Kunststoffklötzen und Stahldistanzstücken gefertigt:

Bei einem Eigengewicht von rd. 10 kg erreicht die Düsseldorfer Palette eine dynamische Tragfähigkeit von 800 kg und eine statische Tragfähigkeit von 1 Tonne[53].

Abbildung 16: Düsseldorfer Palette

Der Preis der Düsseldorfer Palette liegt bei rund 4,-- €. Haupteinsatzgebiet der Düsseldorfer Paletten liegt im Lebensmittelbereich von Diskontketten (z.B. Hofer).

8.1.4 Industriepalette

Die Industriepalette ist eine Vierwegpalette in stabiler Ausführung für schwere Lasten. Die Palette ist nach DIN-Norm 15146/3 bzw. ÖNORM A-5302 standardisiert.
Die Industriepalette hat ein Format von 1.000 x 1.200 mm. Bei einem Eigengewicht von 35 kg hat die Industriepalette eine dynamische Tragfähigkeit von 1.000 kg und eine statische Tragfähigkeit von 4.000 kg.

---

[52] vgl. o.V.: Engpässe bei 1.-Wahl-Paletten führen zu höherer Nachfrage nach neuen EUR, in: EUWID Verpackung, Ausgabe Nr. 19, 30.08.2004, S. 23
[53] vgl. Handelsagentur E. Lange GesmbH: Produktdatenblatt Düsseldorfer Palette, online. http://www.palettenboerse.at/pdfs_downl/DueDo_DIN15146.pdf. Gelesen 10.09.2004

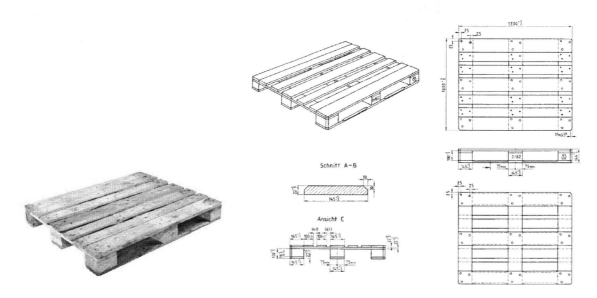

Abbildung 17: Industriepalette[54]

8.1.5 Holz-Einwegpaletten

Verlustpaletten aus Holz werden in den unterschiedlichsten Ausführungen und mit dementsprechend sehr unterschiedlichen Tragfähigkeiten gefertigt. Maßgebliche Variationsmerkmale sind die Ausfertigung als Zweiwege- oder Vierwegepalette, die Stärke und Anzahl der Deckbretter sowie die Anzahl der Distanzklötze.

Die zumeist kostengünstige Produktion erlaubt die Herstellung entsprechend den logistischen Anforderungen auch in Kleinserien. Teilweise sind die Paletten stabil genug ausgeführt, so dass Sie vom Empfänger wieder verwendet werden können bzw. sind sie ggf. für eine Wiederverwendung reparabel.

Entsprechend der Vielzahl möglicher Ausführungsvarianten differieren auch die Preise. Neuwertige Einwegpaletten aus Holz in vernünftiger Ausführung sollten aber ab rd. 3,-- € / Stk. erhältlich sein.

Für den Einsatz im Projektfallbeispiel wurde eine Verlustpalette als Vierwegepalette mit 2 Kufen (6 Klötze) für die Beförderung auf den Rollbahnen gebaut. Die Palette wiegt 14 kg. Einige weitere Beispiele für Holz-Verlustpaletten nachfolgend:

---

[54] Quelle: Handelsagentur E. Lange GesmbH: Produktdatenblatt Industriepalette, online. http://www.palettenboerse.at/pdfs_downl/4weg_A5302.pdf

Alternative Palettenmaterialien

Vierwege-Verlustpaletten unterschiedlicher Traglasten im Europaletten-Format auf www.palettenboerse.at[55]					
		Traglasten			
Abmessungen [mm]	Gewicht [kg]	statisch [kg]	dynamisch [kg]	im Hochregal [kg]	
800 x 1.200 x 129	12,0	750	650	350	
800 x 1.200 x 144	12	850	750	450	
800 x 1.200 x 144	14	850	750	550	
800 x 1.200 x 129	14	1.000	850	650	

8.2 Pressholz

Von der Inka Paletten GmbH, Siegertsbrunn, werden in Deutschland und den Niederlanden Paletten aus Pressholz hergestellt. Hierzu werden Holzspäne aus Industrierestholz getrocknet und zusammen mit Harnstoffharz und biologisch abbaubarem Bindemittel unter hohen Temperaturen und mit hohem Druck in Stahlwerkzeugen formgepresst (patentiertes Werzalit-Verfahren).

Für die Inka-Paletten lassen sich folgende Kenndaten auflisten:[56]
- nestbare Füße
- Vierwegepalette
- Traglasten zwischen 0,25 und 1,25 t dynamisch und 0,75 bis 3,75 t statisch

---

[55] Handelsagentur E. Lange GesmbH, online. www.palettenboerse.de. Gelesen 04.03.2004
[56] Quelle: http://www.inka-paletten.de. Gelesen 04.03.2004

- Eigengewicht zwischen 7,5 kg und 11 kg
- Höhe zwischen 12 und 13,5 cm
- Höhe eines 20er Stapels: zwischen 0,55 und 0,88 m hoch
- Entsorgung: vollständig biologisch abbaubar / stoffliche (Holz) oder thermische Verwertung – Inka bietet den Empfängern von Inka-Paletten die kostenlose Abholung / Entsorgung
- Preise (über Händler ratioform):[57]
  Inka F86 (Euro-Format, 0,25 t dyn. Traglast):
  Einzelpreis 8,60 €
  ab 10 Stk.: 8,16 €/Stk.
  ab 20 Stk.: 7,79 €/Stk.
  ab 30 Stk.: 7,22 €/Stk.
  ab 50 Stk.: 7,04 €/Stk.

  Inka F8 (Euro-Format, 0,9 t dyn. Traglast):
  Einzelpreis 10,20 €
  ab 10 Stk.: 9,68 €/Stk.
  ab 20 Stk.: 9,24 €/Stk.
  ab 30 Stk.: 8,56 €/Stk.
  ab 50 Stk.: 8,35 €/Stk.

- Für die Abnahme von Großmengen gibt der Europäische Wirtschaftsdienst im August 2004 für die F86 (Euro-Format, 0,25 t dyn. Traglast) eine Preisspanne von 3,35 bis 3,45 € / Stk. an und für die F10 (Industriepaletten-Format, 0,9 t dyn. Traglast) einen Preis von 5,25 € / Stk.

Abbildung 18: Inka-Paletten im Euro-Format

Nach der neuen phytosanitären Richtlinie ISPM15 des International Plant Protection Comitee wird Spanholz als schädlingsfrei erachtet, d.h. dass für den Export keine Herstellerbescheinigungen oder Nachweise für Begasungen o.Ä. notwendig sind[58].

Von der Biologischen Bundesanstalt Braunschweig wird der Inka-Palette außerdem ein Hygienevorteil gegenüber Kunststoffpaletten bescheinigt. Es wird festgestellt, „... dass im

---

[57] vgl. Online-Shop unter http://www.ratioform.de. Gelesen 04.03.2004
[58] Enns, Monika: Vielseitig und hart im nehmen, in: mav online - Portal für die Fertigung. http://www.mav-online.de/O/121/Y/67129/VI/30131774/default.aspx. Gelesen 25.08.2004

direkten Kontaminationsvergleich zwischen Werzalit und PE die Bakterien auf der Oberfläche von PE länger und in größerer Anzahl überleben."[59]

Trotzdem die Inka-Paletten grundsätzlich nässebeständig sind, wird eine trockene Lagerung empfohlen (können mit PE-Hauben geschützt bestellt werden). Problematisch sind die Inka-Paletten beim Schleifen und Schieben mit dem Gabelstapler. Außerdem sind sie bruchanfällig bei Punktbelastungen.

Die Inka-Palette ist grundsätzlich als Einwegpalette konzipiert, aufgrund der hohen Stabilität kann die Palette in der Regel aber mehrere Einsätze durchlaufen.

8.3 Kunststoff

In Bereich der Kunststoffpaletten besteht eine schier unübersehbare Vielfalt an Materialien (PP, PE, P0, PC, HDPE, HDPC, ...) – neu oder recycelt – Ausführungen und natürlich dementsprechend auch an Anbietern. Die nachfolgende Auswahl versucht die gegebene Bandbreite zu umreißen, ohne Anspruch auf Vollständigkeit zu erheben.
Im Vergleich zu anderen Materialien reklamieren die Hersteller von Kunststoffpaletten in der Regel folgende Vorteile für sich:
- lange Lebensdauer
- einfache Reinigung
- geschmacksneutral und fäulnisfrei
- Beständigkeit gegen Aufnahme von Wasser und anderen Flüssigkeiten – auch häufig lauge- und säurebeständig
- aus Recyclingmaterial bzw. voll recyclebar
- reduzierte Verletzungsgefahr auch bei Bruch (keine Splitterbildung oder freistehende Nägel)

Die Preise von Kunststoffpaletten liegen in der Regel erheblich über dem vergleichbarer Holzpaletten und Europaletten. Angefangen von rd. 5 bis 10 €[60] für einfache Verlustpaletten mit geringer Tragfähigkeit bis 45 € für sehr hochwertige Kunststoffpaletten[61].
Der hohe Preis bei den Mehrwegpaletten wird zumeist mit der langen Lebensdauer aufgrund hoher Bruchfestigkeit der Kunststoffpaletten gerechtfertigt.

8.3.1 Arca Systems GmbH

Für die Demonstration im Fallbeispiel des Forschungsprojektes wurde als Kunststoffpalette der Typ 2714.510 vom schwedischen Hersteller Arca Systems eingesetzt. Das Sortiment des weltweiten Anbieters lässt sich wie folgt kurz darstellen:[62]

---

[59] vgl. o.V.: Keine Quarantäne für Holz-Hackschnitzel, in: Logistik heute, Nr. 9/2001, 23. Jhg., S. 76
[60] Preisangaben der Kiga Kunststofftechnik GmbH im pers. Gespräch am 11.03.04 auf der LogiMat 2004, Stuttgart: „Einweg / Export rd. 10,-- € / Stk. bis Mehrweg / hochwertig 30,-- € / Stk." - online-Angebot unter www.kiga-gmbh.de von 8 € / Stk. bei Abnahme von mind. 1.650 Stk. Gelesen: 09.09.2004
[61] vgl. Mühlenkamp, Sabine: Bretter, die die Warenwelt bedeuten, in: MM Logistik, Nr. 1 / 2004, 3. Jhg., S.24 - 26
[62] Quelle: Produktkatalog 2004 der Arca Systems GmbH, Perstorp (Schweden)

Als Ergebnis einer fünfjährigen Entwicklungsarbeit wurde von Arca Systems die Palette Everest erfunden, eine Kombination aus einem festen recycelbaren Material, ohne jegliche Metallverstärkung, aber mit Laufbrettern für den Rollbahntransport. Weiters können in den Paletten bis zu zwei integrierbare Transponder eingelassen werden, die den gesamten Materialfluss überprüfen. Die Palette hat ein Gewicht von 23,5 kg.

Abbildung 19: Arca Systems Palette Everst

Auch im hygienischen Bereich sind die Paletten in Übereinstimmung mit der entsprechenden Gesetzgebung geprüft und werden aus für Lebensmittel genehmigten UV-stabilen HD-Polyethylen hergestellt.

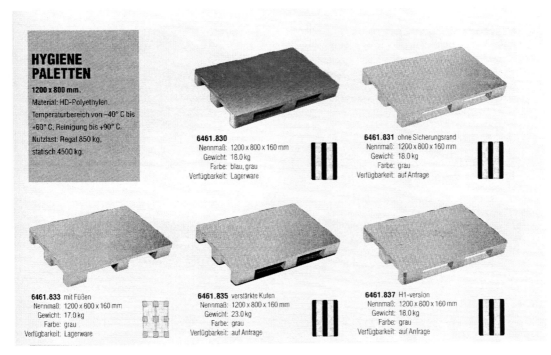

Abbildung 20: Arca Systems Hygienepaletten

Ebenfalls im Programm sind nestbare Leichtpaletten. Sie verfügen über ein Gewicht von ca. drei bis sechs Kilogramm und sind wie der Name schon sagt ineinander stapelbar. Die Möglichkeit der Nestung sowohl mit Füßen als auch mit Gleitkufen führt zu einer Platzersparnis bis zu 60% währen der Leergutlagerung oder des Rücktransportes.

Euro-Kunststoffpaletten für den Handel und Industrie mit Kufen weisen ein Gewicht von 10 bis 20 kg und sind für den Ersatz der Europalette gedacht.

Abbildung 21: Arca Systens Euro-Kunststoffpaletten

Eine Kunststoffpalette mit den Abmessungen 800 x 1.200 x 165 mm, mit 3 Kufen, Eigengewicht 13,2 kg und mit einer dynamischen Tragfähigkeit von 500 kg bzw. 4.000 kg statisch wurden im Sommer 2004 von Arca Systems zu einem Preis von 40,15 € angeboten (frei Haus Wien, Preis bei Abnahme von 10.000 Stk.).

8.3.2 Cabka Plast Kunststoffverarbeitung GmbH

Für die unterschiedlichen CPP-Paletten im Europaletten-Format 800 x 1.200 mm vom Hersteller Cabka Plast können zusammenfassend folgende Kenndaten angegeben werden:[63]

- Eigengewicht der Paletten zwischen
  8,2 kg (bei 1 t dynamische und 2 t statische Traglast) und
  21,5 kg (bei 1 t dynamische und 4 t statische Traglast)

---

[63] Quelle: Capka Plast Kunststoffverarbeitung GmbH, Weira: Produktdatenblätter, Stand März 2004

- max. Traglast 2 t dynamisch und 8 t statisch (Eigengewicht: 15,0 kg)
- Ausführungen mit 3 Kufen oder 9 Füße nestbar (teilweise 3 Kufen anklippsbar) entsprechend den Ausführungen Höhe eines 20er Stapels zwischen 0,91 und 3,14 m
- Höhe der Paletten zwischen 140 und 157 mm
- alle Paletten 4-seitig unterfahrbar mit Hubwagen und Gabelstapler
- Optionen / Features an einzelnen Typen: Gummieinsätze für Rutschsicherungen, Rutschsicherungsrand, Rutschsicherung, umlaufende Nut für Kartonagenring, nestbare Füße mit anklippsbaren Kufen
- teilweise aus recyceltem Kunststoff hergestellt
- Mehrweg- und Einweg-Ausführungen verfügbar (Einweg aus recyceltem, sortenreinem HDPE, PP oder PC Kunststoffen oder Neumaterialien die 100% wieder verwertbar sind)
- Produktion im Spritzgieß- und Strukturschaumverfahren

CPP-Produktbeispiele:

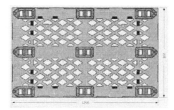

Abbildung 22: CPP 820 PE-B Europalette mit anklippsbaren Kufen

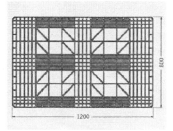

Abbildung 23: CPP 880 PE-B Europalette

8.3.3 SinoPlaSan AG

Im Gegensatz zu den meist im Spritzgussverfahren hergestellten Kunststoffpaletten bietet die SinoPlaSan AG aufgeschäumte und ggf. folienkaschierte Paletten mit folgenden Charakteristika an:[64]

- extrem leicht je nach Typ bereits ab 2 kg (Typ *ultra* – Einweg / Export) bzw. 7 kg (Typ *light* – Mehrweg) Eigengewicht
- völlig glatte Oberfläche

- Vierwegepalette (aber nicht für Rollenband tauglich)
- Belastbarkeit bis 5 t (Typ *light*) bzw. 1 t (Typ *ultra*)
- im Export keine Begasung notwendig
- geeignet im Kühl- und Tiefkühleinsatz
- ca. 35,-- € / Stk. (derzeit, bei relativ kleinen Auflagen Gesamtproduktion)

Abbildung 24: SinoPallet-Ultra

8.3.4 Paul Craemer GmbH

Neben anderen Palettentypen bietet die Paul Craemer GmbH die „Euro H1 Hygienepalette" an, die vom Europäischen Handelsinstitut als erste Kunststoffpalette empfohlen wurde. Nach eigenen Angaben des Herstellers stellt die H1 den Palettenstandard in der Fleischbranche dar. Die H1 wird in dieser Branche als Poolsystem gehandhabt.[65]

---

[64] Quelle: Produktflyer der SinoPlaSan AG, Stuttgart, und pers. Gespräch am 11.03.04 auf der LogiMat 2004, Stuttgart

[65] vgl. Paul Craemer GmbH: Euro H1-Hygienepalette - eine branchenübergreifende standardisierte Lösung, online. http://www.craemer.de/Kunststoffpaletten_EURO-H1-Referenzen.htm. Gelesen 04.03.2004

Die H1 wurde 1993 entsprechend den Anforderungen des EHI für die Lebensmittelindustrie entworfen. Als Vierwege-Palette hat sie bei einem Eigengewicht von 18 kg dynamisch 1,2 t und statisch 5 t Tragfähigkeit. Die Palette ist mit dem „GS-Zeichen für geprüfte Sicherheit" ausgezeichnet.

 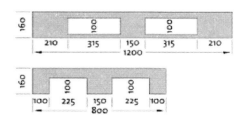

Abbildung 25: Craemer Euro H1 Hygienepalette

Als weitere Besonderheiten bietet die Paul Craemer GmbH mit der CR1 eine Paletten mit serienmäßig zwei 13,56MHz-Transpondern an. Außerdem werden für den Transport elektrostatisch gefährdeter Güter Paletten hergestellt, die sich nicht elektrisch aufladen bzw. dauerleitfähig sind.

8.4 Metall

8.4.1 Stahl

8.4.1.1 Grundsätzliches

Wenn Langlebigkeit in Kombination mit hohen Traglasten gefordert ist kommen häufig Paletten aus Stahl zum Einsatz (z.B. im Maschinenbau). Besonders für die Automobilindustrie hat der VDI (Verein deutscher Ingenieure) mit der technischen Richtlinie 2496 bereits 1969 einen Standard für Stahlpaletten im Format 800 x 1.200 und 1.000 x 1.200 mm herausgegeben. In der Einleitung der Richtlinie heißt es: *„Hohe Verschleiß- und Reparaturkosten, die die bisher verwendeten Flachpaletten in Holzausführung unter erschwerten Einsatzbedingungen, z.B. in der Fahrzeugindustrie, verursachen, gaben Anlass, eine einheitliche und formfeste Stahlpalette in fertigungsgerechter Gestaltung zu entwickeln. Aufgrund längerer Erprobung in bestimmten Einsatzbereichen wird von dieser Palette neben einer höheren Lebensdauer eine größere Transportsicherheit erwartet, die sowohl in der Stabilität wie auch in der besonderen Ladungssicherung durch einen umlaufenden Rand begründet ist. Da Stahlkufen erfahrungsgemäß auch nach längerem Einsatz nur wenig Abnutzungserscheinungen zeigen und einen geringen Rollwiderstand haben, ist die Palette u.a. auch für die Verwendung in Durchlaufregalen gut geeignet. Obwohl die Ausführung der Palette hauptsächlich den Erfordernissen des Maschinenbau angepasst ist,* *kann sie auch in anderen Industriezweigen weitgehend Anwendung finden, besonders dann, wenn schwere Güter zu befördern sind oder starke Beanspruchungen auftreten."*[66]

8.4.1.2 Auswahl von Anbietern

Der polnische Hersteller 1Logistics Zuralski bietet lackierte oder feuerverzinkte Vierwegepaletten mit 2 Kufen. Die dynamische Tragfähigkeit dieser Flachpaletten ist mit 2.000 kg angegeben – die Traglast im Hochregal mit beachtlichen 1.500 kg.

Abbildung 26: PMP 1208 Stahlpalette von 1Logistics Zuralski[67]

Der deutsche Anbieter Becker Behälter bietet im Europaletten-Format 2 Flachpaletten aus Stahlblech:
- SP-2 – Eigengewicht 31 kg – generelle Angabe zur Tragfähigkeit: 1.500 kg
- SP-2A – Eigengewicht 70 kg – generelle Angabe zur Tragfähigkeit: 4.000 kg

Mit profilierten Kufen sind die Paletten besonders für den Transport auf Rollbahnen geeignet.

Abbildung 27: Flachpalette aus Stahlblech – Typ SP von Becker Behälter[68]

Auch der italienische Hersteller Sall bietet eine Reihe von Stahlpaletten im 800 x 1.200-Format: Die Type SP-062 mit 1.000 kg Tragkraft mit 2 Kufen, die SP-063-A3 mit 1.500 kg Tragkraft mit 3 Kufen, die SP-071-CL mit 1.000 kg Tragkraft und einem Holzboden im Stahlgestell und die SP-074 als Doppeldeckpalette mit 2.000 kg Traglast.

Abbildung 28: Sall Stahlpalette SP-063-A3[69]

---

[66] Verein deutscher Ingenieure: VDI Richtlinie Stahlpalette - VDI 2496, Oktober 1969
[67] Quelle: 1Logistics Zuralski: Produktdatenblätter, Stand März 2004
[68] Quelle: Becker Behälter: Flachpalette aus Stahlblech Typ SP, online. http://213.136.64.193/beckerbehaelter/start.asp. Gelesen 04.03.2004

Paletten aus Edelstahl werden u.a. z.B. vom deutschen Stahlbauer Klatetzki hergestellt. Die Paletten werden aus säurebeständigem Edelstahl gefertigt. In der Ausführung mit Füßen haben sie im Europaletten-Format bei einem Eigengewicht von 21,7 kg eine Tragkraft von 1.000 kg und mit Kufen 26,1 kg Eigengewicht und 1.500 kg Tragkraft.[70]

Abbildung 29: Klatetzki Edelstahl-Palette

Die genannten Anbieter stehen beispielhaft für eine ganze Reihe weiterer Hersteller von Stahlpaletten mit ähnlichen Produkten.

8.4.2 Aluminium

Im Vergleich zu Stahlpaletten weisen Paletten aus Aluminium etwas geringere Tragfähigkeiten aus sind dafür aber leichter und ähnlich stabil, langlebig und einfach zu reinigen.

Die deutsche Firma Brökelmann Geräte und Anlagenbau GmbH stellt eine ganze Reihe verschiedener Flachpaletten aus Aluminium im Europaletten- und Industriepaletten-Format oder mit 1.200 x 1.200 mm her.

Aus dem Werkstoff AlMgSi 0,5 werden die Paletten mit unterschiedlichen Rohrprofilen, unterschiedlicher Anzahl von Quersprossen oder geschlossener Deckplatte und wahlweise 2 Kufen oder 4 Füße gefertigt. Weiterhin gibt es umlaufende Begrenzungsprofile oder eine aufgesetzte Blechwanne.

5 – 8 Quersprossen aus Rohrprofil 80 x 30 mm mit 2 Kufenprofilen oder 4 Füßen	5 – 7 Quersprossen aus Rohrprofil 100 x 20 mm mit 2 Kufenprofilen oder 4 Füßen	3 – 6 Längssprossen aus Rohrprofil 80 x 30 mm mit 2 Kufenprofilen oder 4 Füßen

---

[69] Quelle: Sall: Pallets in Tubolar Metal with Free Uprights - Metal Boards, online. http://www.sall.it/pdf/06_C_pal_tub_ped_met.pdf. Gelesen 04.03.2004

[70] vgl. Klatetzki Stahlbau: Transport & Lagertechnik: Edelstahlpaletten, online. http://www.klat-system.de/transport2_prod1.html. Gelesen 16.09.2004

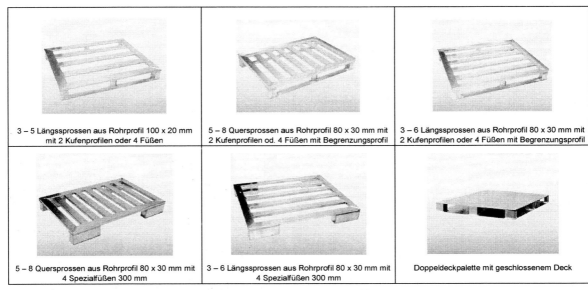

Abbildung 30: Brökelmann Aluminium Flachpaletten 800 x 1.200 mm[71]

Alle Paletten werden ohne Unterscheidung zwischen dynamisch und statisch mit einer Tragfähigkeit von 1.000 kg angegeben.

Der Slovakische Hersteller NBH gibt für seine Aluminium-Palette im Euro-Format eine Traglast von 1.100 kg an. Die Palette ist ebenfalls aus AlMgSi0,5-Profilen gefertigt. Sie hat mit 5 Quersprossen im Abstand von 107 mm ein Eigengewicht von 10,5 kg.[72]

Der deutsche Stahlbauer Klatetzki stellt elektrolytisch polierte Aluminiumpaletten her. Diese elektropolierten Paletten weisen eine extrem glatte Oberflächenstruktur auf, die es Schmutzpartikeln erschwert anzuhaften. Die Aluprofile sind vollkommen geschlossen und unter Schutzgas fugenlos geschweißt.[73]

Abbildung 31: Elektropolierte Alu-Palette von Klatetzki

---

[71] Quelle: Brökelmann Geräte und Anlagenbau GmbH: Paletten / Gitterboxen, online. http://www.broekelmann-geraete.de. Gelesen 16.09.2004
[72] vgl. NBH: Aluminium Paletten, online. http://www.goldnet.sk/aluminium/. Gelesen 16.09.2004
[73] vgl. Klatetzki Stahlbau: Glänzende Eindrücke für die Industrie, online. http://www.klat-system.de/presse/aktuell/aktuell3.html. Gelesen 16.09.04

Die Paletten sind mit Füßen oder Kufen und mit umlaufendem Rand im Europaletten- und Industriepaletten-Format erhältlich. Je nach Ausfertigung haben sie eine Tragfähigkeit zwischen 800 und 1.500 kg und ein Eigengewicht zwischen 11,2 und 15,5 (bis 13,65 für das Europaletten-Format).[74]

Weitere Anbieter sind z.B. die Schneider Leichtbau GmbH – u.a. mit einer speziellen Politur für leicht zu reinigende Oberflächen. Der Hersteller verweist speziell auf die Eignung in der Pharma-, Chemie- und Lebensmittelindustrie, da die Paletten mit der Alu-Clean-Hygiene-Polish weitestgehend unempfindlich gegen Chemikalien, bakterienabweisend, entkeimbar und antistatisch sind. Im Sortiment sind ähnliche Ausfertigungen wie bei den vorgenannten Anbietern verfügbar, mit dem Typ A16 hat Schneider jedoch in der vorliegenden Recherche die Alu-Palette mit der höchsten Traglast von 1.800 kg.[75]

Abbildung 32: Schneider Alu-Flachpalette A16

---

[74] vgl. Klatetzki Stahlbau: Transport & Lagertechnik: Flachpaletten, online. http://www.klat-system.de/transport1_prod1.html. Gelesen 16.09.2004
[75] vgl. Schneider Leichtbau GmbH: Produktgruppen, online. http://www.schneider-gmbh.de/Deutsch/Produkte/Produktgruppenwahl/index.html. Gelesen 16.09.2004

8.5 Wellpappe

8.5.1 Karl Pawel GmbH

Für den Feldversuch des Forschungsvorhabens wurde eine Wellpappenpalette der Wiener Firma Karl Pawel GmbH verwendet. Sowohl Palettendeck als auch Kufen sind aus Wellpappe.

Abbildung 33: Palette aus Wellpappe der Pawel GmbH

Die Palette hat eine Höhe von 115 mm. Gefertigt ist die Palette 3-wellig aus 2.91 / Tristar / ABC / nassfest verleimt. Die Wellpappekufen werden mit der Deckplatte durch 9 Spiralhülsen verbunden.

Das Eigengewicht der Palette beträgt 3,0 kg. Zur Tragfähigkeit können keine Angaben gemacht werden (die Traglast war in der Demonstration jederzeit ausreichend).

Die Paletten werden manuell in Einzelfertigung erzeugt und weisen daher einen relativ hohen Stückpreis von rd. 10,-- € auf. Angaben zu Preisen in der Massenfertigung können derzeit nicht gemacht werden.

8.5.2 Duropack Wellpappe Ansbach GmbH

Die von Duropack entwickelte DURO-PAL® ist eine leichte und kompakte Wellpappenpalette. Sie ist 4-seitig unterfahrbar. Neben den Größen 1.200 x 800mm, 1.200 x 1.000mm und 1.140 x 1.140mm sind Sondergrößen generell machbar.

Abbildung 34: Duro-Pal Wellpappenpalette

Die Palette hat im Europaletten-Format eine Höhe von 110 mm.

Gefertigt ist die Palette 2-wellig aus 2.90 / BC / nassfest verleimt.

Das Eigengewicht der Palette beträgt 3,1 kg. Zur Tragfähigkeit können noch keine Angaben gemacht werden.

Der Preis der Palette liegt zwischen 6,-- und 6,50 € ab Werk.

8.5.3 Tillmann Verpackungen GmbH

Das deutsche Unternehmen Tillmann Verpackung zählt wohl zu den Pionieren bei den Paletten aus Wellpappe. Paletten aus Wellpappe wurden bei Tillmann Verpackungen schon 1992 entwickelt und eingeführt. Nach eigenen Angaben wurden im Unternehmen 2002 bereits etwa 1,5 Millionen € Umsatz in diesem Bereich erwirtschaft.[76]

Die sogenannte Öko-Palette von Tillmann ist im Europaletten-Format in 2 Ausfertigungen jeweils als Vierwegepalette erhältlich:[77]
- Öko-Palette 506.2
  Deckfläche 3-wellige Wellpappe mit 9 Wellpapp-Füßen (6 gestanzt & 3 geklebt)
  Belastbarkeit: 300 – 500 kg
- Öko-Palette 506.3
  Deckfläche 3-wellige Wellpappe mit 9 Wellpapp-Füßen (alle 9 geklebt)
  Belastbarkeit: 750 kg

Weitere Standardmaße wie 1.000 x 1.200 oder 600 x 800 mm sind verfügbar. Außerdem erstellt die Fa. Tillmann Sonderanfertigungen.

---

[76] vgl. o.V.: Alles Öko oder was ...?, in: Verpackungs-Rundschau, Ausgabe 10/2002, 53. Jhg. , S. 54
[77] vgl. Tillmann Verpackungen GmbH: Ökopaletten, online.
http://www.muehlheim.de/tillmann/standard_k/oeko_paletten.html. Gelesen 24.08.2004

Die Paletten werden in Handarbeit gefertigt. Je nach Kundenanforderungen werden die Füße der Paletten geklebt oder gefalzt und nur zur Stabilität verleimt. Bei Tillmann Verpackungen geht man davon aus mit verleimten Füßen ca. 10 Tonnen Belastung möglich machen zu können – mit gefalzten Füßen rd. 4 Tonnen.[78]

8.5.4 Kayserberg Packaging

Der französische Verpackungshersteller Kaysersberg Packaging bietet mit der „Kay Pal Couche" eine ausschließlich aus Wellpappe gefertigte Palette im Format 600 x 800 und 800 x 1.200 mm.

Die Palette wird aus einer steifen Platte mit 10 mm Stärke und drei Querstreben gefertigt.

Die Palette ist grundsätzlich als Zwischenpalette in der Kommissionierung / zur Trennung von Losen auf normalen Holzpaletten gedacht.[79]

Das Gewicht der Palette beträgt 3 kg. Die Tragfähigkeit wird mit maximal 250 kg angegeben.

8.5.5 Sonstige Anbieter

Die Paul Lindner KG, Hersbruck, bietet im Euro-Format eine Palette aus Wellpappe in der Qualität 2.96 ACA oder X-Ply 8700 ACA mit 9 aufgeklebten Hülsen an. Die Tragkraft wird maximal mit ca. 800 kg bei flächiger Belastung angegeben.[80]

Das Verpackungsunternehmen GEPAK GmbH, Nellmersbach, bietet ebenfalls Paletten aus Wellpappe an.[81]

Die SWAP Holding AG aus Sachsen bietet Paletten aus Wabenplatten, die aus Papier produziert werden, an. Die Paletten haben ein Wabenplatte als Deckplatte und Wabenfüße, Kufen oder Hülsenfüße.[82]

Der italienische Maschinenbauer BINI&C bietet eine Maschine zur automatischen Erstellung von Kartonpaletten nach dem Ecopal-Patent an. Die Maschine kann Paletten in unterschiedlichen Ausführungen bis zu einem maximalen Format von 1.200 x 1.200 x 100 mm fertigen. Die Auflage kann einfach oder doppelt mit 7 mm starker 3-welliger oder 1-welliger Wellpappe mit 3 mm Dicke ausgeführt werden.[83]

---

[78] vgl. o.V.: Alles Öko oder was ...?, in: Verpackungs-Rundschau, Ausgabe 10/2002, 53. Jhg., S. 55
[79] vgl. Kaysersberg Packaging: Kay Pal Couche, online. http://www.kaysersberg-packaging.fr/de/produits/prcd_kaypal_couche.htm. Gelesen 24.08.2004
[80] vgl. Paul Lindner KG: Paletten aus Wellpappe, online. http://www.paul-lindner.de/sortiment-palettenauswellpappe.html. Gelesen 10.09.2004
[81] Quelle: GEPAK GmbH: Angebot, online. http://www.gepak.de/. Gelesen 10.09.2004
[82] vgl. SWAP Holding AG: Die SWAP - Einwegpalette, online. http://www.swap-sachsen.de/einwegpalette.htm. Gelesen 28.09.2004
[83] vgl. BINI&C: Ecopal, online. http://www.biniec.com/de/ecopal.html. Gelesen 10.09.2004

9 Kritische Würdigung der Materialien und Systeme

9.1 Materialvergleich

Zur Übersicht werden nachfolgend eine Reihe der vorstehend dargestellten Paletten mit Ihren wesentlichen Eigenschaften zusammengestellt:

Palette	Format [mm x mm]	Material allg.	Material spez.	Mehrweg (M) oder Einweg (E)	Eigengewicht [kg]	dyn. Tragfähigkeit [t]	stat. Tragfähigkeit [t]	Höhe [mm]	Anzahl der Paletten in rd. 1m Stapel Leerpaletten	Neu-Preis von ca.	bis ca.	nestbare Füße?
Europalette	800 x 1.200	Holz	gem. UIC-Norm 435-2	M	25,0	1,00	4,00	144	7	5,75 €	7,00 €	
Chemiepalette CP2	800 x 1.200	Holz	gem. VCI-Standard	M	24,0	1,50	4,00	138	7	4,45 €	4,65 €	
Chemiepalette CP1	1.000 x 1.2000	Holz	gem. VCI-Standard	M	32,0	1,50	4,00	138	7	5,60 €	5,95 €	
Düsseldorfer-Palette	600 x 800	Holz	nach Ö-Norm A-5303	M	10,0	0,80	1,00	161	6	4,00 €	--	
Industriepalette	1.000 x 1.2000	Holz	nach Ö-Norm A-5302	M	35,0	1,00	4,00	144	7	k.A.	--	
Holz-Einweg-Palette, leicht	800 x 1.200	Holz	--	E	12,0	0,65	0,75	129	8	3,00 €	3,50 €	
Holz-Einweg-Palette, stabil	800 x 1.200	Holz	--	E	14,0	0,85	1,00	129	8	3,00 €	3,50 €	
Inka-Palette F86	800 x 1.200	Pressholz	Werzalit-Verfahren	E	7,5	0,25	0,75	120	36	3,35 €	8,60 €	ja
Inka-Palette F8 LF1	800 x 1.200	Pressholz	Werzalit-Verfahren	E	9,0	0,90	2,70	135	23	--	10,20 €	ja
Arca Systems 2714.510	800 x 1.200	Kunststoff	HD-Polyethylen	M	13,9	0,50	4,00	165	6	40,00 €	--	
Arca Systems Hygienepalette	800 x 1.200	Kunststoff	HD-Polyethylen	M	18,0	0,85	4,50	160	6	k.A.	--	
Capka Plast CPP 220 PC	800 x 1.200	Kunststoff	Polycarbonat	M	15,0	2,00	8,00	150	22	k.A.	--	ja, abnehmbare Kufen
Capka Plast CPP 830 PE	800 x 1.200	Kunststoff	Polyethylen	M	8,2	1,00	2,00	140	22	k.A.	--	ja, abnehmbare Kufen
Capka Plast CPP 220 LB	800 x 1.200	Kunststoff	recyceltes HDPE	E	12,5	0,90	2,50	150	22	k.A.	--	ja, abnehmbare Kufen
SinoPallet light	800 x 1.200	Kunststoff	k.A.	M	7,5	1,00	5,00	k.A.	--	35,00 €	--	
SinoPallet ultra	800 x 1.200	Kunststoff	k.A.	E	2,0	k.A.	1,00	k.A.	--	35,00 €	--	
Craemer Euro H1	800 x 1.200	Kunststoff	HD-Polyethylen	M	18,0	1,25	5,00	160	6	k.A.	--	
Kiga K2008	800 x 1.200	Kunststoff	Polyethylen	E	5,5	0,60	2,50	155	6	--	10,00 €	ja
1Logistics PMP 1208	800 x 1.200	Stahl	--	M	k.A.	2,00	k.A.	125	8	k.A.	--	
Becker SP 2	800 x 1.200	Stahl	--	M	31,0	1,50	k.A.	130	8	k.A.	--	
Becker SP 2a	800 x 1.200	Stahl	--	M	70,0	4,00	k.A.	130	8	k.A.	--	
Sall SP-063 A3	800 x 1.200	Stahl	--	M	k.A.	1,50	k.A.	120	8	k.A.	--	
Klatetzki 8542A	800 x 1.200	Edelstahl	säurebeständig	M	26,1	1,50	k.A.	140	7	k.A.	--	
Brökelmann 772184LK	800 x 1.200	Aluminium	AlMgSi 0,5	M	k.A.	k.A.	k.A.	140	7	k.A.	--	
NBH	800 x 1.200	Aluminium	AlMgSi 0,5	M	10,5	1,10	k.A.	152	7	k.A.	--	
Klatetzki 8542	800 x 1.200	Aluminium	AL Si 05	M	13,7	1,50	k.A.	140	7	k.A.	--	
Schneider A16	800 x 1.200	Aluminium		M	15,0	1,80	k.A.	150	7	k.A.	--	
Pawel-Palette	800 x 1.200	Wellpappe	--	E	3,0	k.A.	k.A.	115	9	--	10,00 €	
Duro-Pal	800 x 1.200	Wellpappe	--	E	3,1	k.A.	k.A.	110	9	6,00 €	6,50 €	
Kay Pal Couche	800 x 1.200	Wellpappe	2-wellig	E	3,0	k.A.	0,25	k.A.	--	k.A.	--	
Tillmann Öko-Palette 506.3	800 x 1.200	Wellpappe	3-wellig	E	k.A.	k.A.	0,75	k.A.	--	k.A.	--	

Abbildung 35: Übersicht Vergleich Paletten unterschiedlicher Materialien

Zur kritischen Würdigung der unterschiedlichen Herstellungsmaterialien wird nachfolgend in erster Linie auf die Hauptgruppen Holz, Pressholz, Kunststoff, Metall und Wellpappe eingegangen.

9.1.1 Tragfähigkeit

Alle dargestellten Paletten weisen dynamische Tragfähigkeiten auf, die ausreichend sind, um eine Vielzahl von logistischen Aufgaben und Beladungen zu bewältigen. Für fehlende Angaben bei den Tragfähigkeiten einzelner Typen können ähnliche Eigenschaften wie bei anderen Paletten aus gleichem Material unterstellt werden. Bei den Wellpappe-Paletten kann zusätzlich aus den Erfahrungen des Feldversuches festgestellt werden, dass die

Paletten in Bezug auf die Tragfähigkeit allen Anforderungen entsprochen haben. Es kann bei den Wellpappepaletten von einer Tragfähigkeit mindestens im Bereich von 300 kg ausgegangen werden[84]. Auch eine INKA-Einwegpalette (Typ F86) liegt mit einer dynamischen Tragfähigkeit von 250 kg in dieser unteren Gewichtsklasse. Die Paletten aus Holz, Kunststoff und Metall weisen alle eine dynamische Tragkraft von mindestens einer halben Tonne auf. Für durchschnittliche Beladungen sind also grundsätzliche alle Palettenmaterialien geeignet. Für schwere Lasten in der Regel nur Holz, Kunststoff oder Metall sowie für besonders schwere Beladungen Stahl und bedingt auch Kunststoff.

Für die Pressholz-Paletten und die Paletten aus Wellpappe muss eingeschränkt werden, dass die Paletten empfindlich gegenüber hohen Punktbelastungen sind. D.h. bereits geringere Lasten als die maximale Tragkraft können, wenn sie auf eine kleine Fläche wirken, die Paletten beschädigen.

Trotz der naturgemäß größeren Empfindlichkeit von Pressholz und Wellpappe gegenüber Nässe behalten die Paletten grundsätzlich auch bei Feuchtigkeit ihre Tragkraft. Beim Einsatz dieser Einwegpaletten in der Lieferkette bestehen also bei durchschnittlichen Bedingungen keine Einschränkungen aufgrund von Feuchtigkeit. Zu beachten ist jedoch, dass beide Palettenarten nicht bereits bei der Lagerung der Leerpaletten größerer Nässe ausgesetzt werden sollen.

Die Tragfähigkeit von Kunststoffpaletten kann sich temperaturabhängig verändern. Insbesondere beim Einsatz im Kühl- und Tiefkühlbereich sind die entsprechenden Herstellerangaben zu beachten. Kunststoffpaletten die auch bei niedrigen Temperaturen eine hohe Tragfähigkeit aufweisen sind jedoch verfügbar.

Besondere Anforderungen an die Tragfähigkeit und Steifigkeit von Paletten wird bei der Einlagerung von Waren auf Paletten in Hochregalen gestellt. In der Regallagerung liegen die Paletten nur seitlich auf den Kufen auf und dürfen sich auch nach längeren Lagerzeiten in der Mitte nicht zu weit nach unten durchbiegen bzw. brechen. Diese Anforderungen werden in der Regel nur Paletten in stabilen Ausführungen aus Holz, Kunststoff oder Metall erfüllen. Leichte Einwegpaletten müssen vor der Einlagerung ins Hochregal umgeladen werden oder auf eine andere, stabilere Palette gestellt werden.

9.1.2 Logistische Eigenschaften

9.1.2.1 Anfälligkeit für Beschädigungen

In der Manipulation der Paletten mit Förderfahrzeugen wie Gabelstapler oder Hubwagen weisen die unterschiedlichen Palettenarten erhebliche Unterschiede in der Empfindlichkeit für Beschädigungen auf. Paletten aus Metall können dahingehend als „unverwüstlich" angesehen werden. Bei Kunststoff-Paletten liegen aufgrund der Vielzahl von Varianten große Unterschiede vor; sie können in der Regel jedoch auch als stabil bezeichnet wer-

---

[84] Nach Angaben von Tillmann-Verpackungen müssten Tragfähigkeiten bis 10 Tonnen mit Wellpappe möglich sein. Vgl. o.V.: Alles Öko oder was ...?, in: Verpackungs-Rundschau, Ausgabe 10/2002, 53. Jhg. , S. 55

den. Im Vergleich zu den Holzpaletten haben sie jedoch den Nachteil, dass Beschädigungen zumeist irreparabel sind, während Schäden an Holzpaletten häufig behoben werden können.

Bei Paletten aus Pressholz und Wellpappe muss in der Manipulation erheblich sorgsamer umgegangen werden, als bei anderen Palettenarten. Bei Stößen mit der Staplergabel, Schleifen mit dem Hubwagen, Schieben mit dem Stapler etc. sind diese Paletten äußerst anfällig für Beschädigungen und können ebenfalls kaum wieder repariert werden.

Durch Splitter oder herausstehende Nägel besteht bei beschädigten Holzpaletten Verletzungsgefahr und Beeinträchtigungen in automatischen Fördersystemen. Dies ist bei Paletten aus anderen Materialien zumeist nicht der Fall.

9.1.2.2 Handling in Fördereinrichtungen

Je nach Ausführung der Paletten mit Kufen, Füßen oder Klötzen sind die Typen unterschiedlich für verschiedene Arten von Rollbändern und anderen Fördereinrichtungen geeignet. Grundsätzlich weisen alle Ausführungen als Fensterpalette (mit Ausnahme von Pressholz für jedes Material verfügbar) die besten Eigenschaften in der innerbetrieblichen Förderung auf bzw. die beste Anpassungsfähigkeit an verschiedene Fördersysteme. Ebenfalls sehr variabel fördern kann man Paletten mit Kufen (ebenfalls für alle Materialien außer Pressholz verfügbar). Paletten mit Füßen wie bei den Pressholzpaletten und bei bestimmten Paletten aus Kunststoff und Wellpappe können auf verschiedenen Fördereinrichtungen nicht eingesetzt werden, so dass die Paletten innerbetrieblich ggf. nicht oder nur bedingt genutzt werden können. Bei den Kunststoffpaletten wird diesem Umstand teilweise dadurch Rechnung getragen, dass für die Paletten anklippsbare Kufen verfügbar sind.

9.1.2.3 Raumbedarf

Die Füße bergen jedoch auch einen Vorteil, da sie bei Kunststoffpaletten und bei der Pressholzpalette nestbar ausgeführt werden können. Dadurch können Leerpaletten ineinander gestapelt werden und brauchen so in der Lagerung und im Transport nur einen Bruchteil des Platzes. Während in einem 1-Meter-Stapel nur rund 7 Europaletten lagern, passen in den gleichen Stapel je nach Typ 23 – 36 Inkapaletten oder z.B. 22 CPP-Paletten – also das drei- bis fünffache. Müssen die nestbaren Paletten zur Nutzung auf Fördereinrichtung mit anklippsbaren Kufen versehen werden, ist es jedoch äußerst fraglich, ob der Vorteil der Nestbarkeit in Relation zum zusätzlichen Handling und den Mehrkosten der Extra-Kufen steht.

9.1.2.4 Ladungssicherheit

Die in der Regel sehr glatten Oberflächen von Kunststoff und Metallpaletten erfordern zuweilen bessere Ladungssicherung, da die Waren auf der Palette leichter ins Rutschen geraten – insbesondere im Vergleich zu den leicht rauen und daher eher rutschfesten Oberflächen von Holzpaletten.

In Bezug auf Ladungssicherung müssen außerdem die Paletten aus Wellpappe kritisch betrachtet werden. Beim Einsatz von Umreifungsbändern besteht die Gefahr dass sich die Palette verformt oder einreißt. Bei leichten Kunststoffpaletten oder den Pressholzpalette besteht ggf. ebenfalls die Gefahr, dass durch zu starke Umreifung die Paletten beschädigt werden.

9.1.2.5 Eigengewicht

Aufgrund der sehr unterschiedlichen Eigengewichte der unterschiedlichen Paletten bestehen auch erhebliche Unterschiede in der Manipulation der Leerpaletten. Die Gewichte der untersuchten Paletten reichen von 2 kg für eine sehr leichte Kunststoffpalette bis 70 kg für eine massive Stahlpalette. Die Wellpappe-Paletten liegen alle etwa bei 3 kg Eigengewicht. Die Kunststoffpaletten in einer Spanne von 2 bis 18 kg, die Pressholz-Paletten zwischen 7 und 9 kg, die Holzpaletten (im Euro-Format) zwischen 12 und 25 kg und die Paletten aus Metall zwischen 10 und 70 kg.

Die Einwegpaletten aus Holz und fast alle Mehrwegpaletten liegen über einem Eigengewicht von 10 kg. Die Mehrwegpaletten aus Holz und Stahl liegen durchweg bei einem Eigengewicht von weit über 20 kg und können somit manuell nur noch bedingt bewegt werden. In der Regel wird bereits zur Bewegung einer einzelnen Palette auch nur über kurze Strecken ein Fördermittel wie Gabelstapler oder Hubwagen notwendig. Leichte Kunststoffpaletten, Inka-Paletten oder Wellpappe-Paletten können jedoch mühelos einzeln oder sogar zu mehreren getragen werden, was einerseits die Flexibilität im Handling der Leerpaletten erhöht und andererseits ggf. Kosten für die Bereitstellung von Fördermitteln spart.

Paletten aus Holz nehmen zudem erheblich an Gewicht zu, wenn sie nass werden. Eine Europalette kann so über 30 kg schwer werden. Das Gewicht von Kunststoffpaletten und Paletten aus Metall hingegen ist auch bei Feuchtigkeit konstant.

Mit zunehmendem Eigengewicht nimmt außerdem die Verletzungsgefahr bei der manuellen Bewegung von Paletten und bei Unfällen mit Paletten – z.B. einstürzende Palettenstapel – zu.

Das Eigengewicht spielt außerdem eine Rolle bei stark gewichtsrelevanten Transportpreisen wie in der Luftfracht oder bei Express-Sendungen. Eine 3 kg schwere Wellpappe-Palette hat da bei gleicher Tragfähigkeit einen klaren Vorteil gegenüber einer 12 kg schweren Einweg-Holzpalette.

9.1.3 Sonstige Eigenschaften

9.1.3.1 Exportbeschränkungen

Wie bereits unter den Problemfeldern der Europalette angeführt, unterliegen Holzpaletten Exportbeschränkungen. Mit Stand Oktober 2004 bestehen in Argentinien, Australien, Brasilien, Bulgarien, Chile, China, Elfenbeinküste, Iran, Irak, Kanada, Kasachstan, Mexiko, Neuseeland, Polen, Senegal, Südafrika, Südkorea, Türkei und den USA Einfuhrbestimmungen für Paletten aus Holz.[85] Grundlage dieser Einfuhrbestimmungen für Paletten ist zumeist die IPPC-ISPM15-Richtlinie[86] gegen die Verbreitung von Waldschädlingen. Demnach müssen Holzpaletten vor der Einfuhr von einem dafür zugelassenen Unternehmen hitzebehandelt oder begast werden um eventuelle Holzschädlinge zu vernichten. Die Paletten müssen nach der Behandlung entsprechend gekennzeichnet werden.[87] Ab dem 01.01.2005 wird diese ISPM-15-Kennzeichnung auch in die Mitteleinbrände der Europaletten integriert.[88]

Pressholzpaletten und Wellpappe-Paletten sowie natürlich auch Kunststoff und Metallpaletten sind von dieser Richtlinie nicht betroffen[89]. Daraus ergeben sich einerseits Vorteile dadurch, dass die Kosten für die Schädlingsbehandlung nicht anfallen und andererseits weil bei der Einfuhr keine Unstimmigkeiten über korrekte Markierungen und durchgeführte Behandlungen entstehen können.

9.1.3.2 Hygieneaspekte

Wie ebenfalls bereits ausführlich dargestellt besteht zwischen den Befürwortern von Kunststoffpaletten und Holzpaletten für den Einsatz im Lebensmittelbereich eine facettenreiche Diskussion. Auf den ersten Blick erscheinen die glatten, hohlraumfreien Oberflächen bestimmter Kunststoffpaletten hygienischer und leichter zu reinigen. Tatsächlich sind auch in bestimmten Branchen Kunststoffpaletten eher der Standard als Paletten aus Holz. Jedoch belegen Studien der Biologischen Bundesanstalt für Land- und Forstwirtschaft in Braunschweig, dass insbesondere Kiefernholz eine keimabtötende Wirkung hat. Auch insgesamt weisen Holzpaletten durchschnittlich niedrigere Keimzahlen aus als Kunststoffpaletten.[90] Bei der sogenannten Holzhygienepalette aus Kiefernholz, die speziell getrocknet wird, ist die mikrobielle Belastung im Durchschnitt lediglich halb so hoch wie bei der Kunststoffpalette.[91]

Informationen zu Hygieneaspekten bei Paletten aus Wellpappe liegen nicht vor – aufgrund zu erwartender Feuchtigkeit in vielen Bereichen der Lebensmittelindustrie erscheinen sie aber tendenziell als ungeeignet.

Durch die Hitze bei der Herstellung sind Pressholzpaletten garantiert schädlingsfrei und es ist auch dem Befall durch Schimmelpilz vorgebeugt.

Paletten aus Metall verhalten sich vermutlich in ihrer bakteriologischen Anfälligkeit ähnlich wie Kunststoff – Paletten aus Edelstahl werden speziell für hygienisch sensible Bereiche hergestellt.

---

[85] vgl. Bundesverband Holzpackmittel, Paletten, Exportverpackung e.V.: Einfuhrvorschriften, online. http://www.hpe.de/einfuhrvorsch.htm. Gelesen 04.10.2004
[86] International Plant Protection Comitee International Standard for Phytosanitary Measure 15
[87] vgl. National Plant Quarantine Service: Quarantine Guidelines for Wood Packaging Material of Import Cargo, online. http://www.bba.de/index.htm. Gelesen 04.10.2004
[88] vgl. o.V.: Gemeinsam schlagen, in: dispo, Ausgabe 9 / 2004, 35. Jhg., S. 24
[89] Für Pressholzpaletten müssen in einigen Ländern den Export-Dokumenten eine „Nicht-Holzerklärung" beigefügt werden - ansonsten geht nach IPPC-ISPM von Spanplatten keine Schädlingsgefahr aus.
[90] vgl. Ruthenberg, Robert: Das Holz machts! in: Fracht + Materialfluss, Nr. 2 / 2004, 36. Jhg., S. 33
[91] vgl. Bundesverband Holzpackmittel, Paletten, Exportverpackung e.V.: Mit Kunststoffpaletten auf dem hygienischen Holzweg, online. http://www.paletten.de/meldungen.htm. Gelesen 31.03.2004

Generell sind Paletten aus Kunststoff oder Metall im Einsatz hygienischer zu handhaben, da sie aufgrund der zumeist glatten Oberflächen leichter zu reinigen sind. Holz, Pressholz und Wellpappe sind insbesondere bei Verunreinigungen mit Flüssigkeiten zumeist nicht mehr zu reinigen und müssen ggf. – z.B. bei Chemikalien oder Ölen – aufgrund der Verunreinigung aus dem Verkehr genommen werden.

9.1.4 Lebensdauer

Die Lebensdauer von Paletten hängt entscheidend von der Einsatz- und Umschlagshäufigkeit, der Belastung und der Sorgfalt im Umgang ab. Grundsätzlich kann man jedoch festhalten, dass bei Metall- und Kunststoffpaletten Lebensdauern von 10 bis 20 Jahren möglich sind. Stabile Mehrweg-Paletten aus Holz können bis zu 10 Jahre ihren Dienst tun. Die Pressholzpalette hat nach Angaben von Inka eine durchschnittliche Lebensdauer von 4 Transporteinsätzen.[92] Die Wellpappe-Paletten sind zumeist dezidiert für den einmaligen Einsatz gedacht und dürften auch selten mehr als ein zweites Mal eingesetzt werden können.

9.1.5 Anschaffungspreise

Auch wenn im Rahmen des Forschungsprojektes nur eine begrenzte Anzahl von Preisinformationen recherchiert werden konnten, können doch gewisse preisliche Grundtendenzen festgehalten werden. Betrachten man ausschließlich den Anschaffungspreis, muss eine in der Tragfähigkeit vergleichbare Mehrweg-Kunststoffpalette im Verhältnis zur Europlatte rund die 6- bis 7-fache Anzahl an Umläufen schaffen, um rentabel zu sein. Die Anschaffungskosten allein dürften also vermutlich kein Entscheidungskriterium für Kunststoffpaletten sein. Ähnlich dürfte sich die Situation bei den Metallpaletten darstellen.

Bei den Einwegpaletten sind die Holzpaletten am preisgünstigsten erhältlich. Nachdem sie gerade bei stabileren Ausführungen zudem ggf. mehrfach einsetzbar sind, könnten sie insbesondere in Lieferketten mit teilweise möglichen Retouren von Leerpaletten, z.B. in engen Kundenbeziehungen, interessant sein.

Der im Vergleich zu Holzpaletten etwas höhere Preis der Pressholzpaletten lässt sich durch die nicht notwendige Schädlingsbehandlung rechtfertigen. Die Paletten sind daher insbesondere als reine Verlustpaletten im Export gedacht. Grundsätzlich sind sie jedoch in Bezug auf die Stabilität unter Umständen auch für mehrere Einsätze geeignet, womit sich die Rentabilität erheblich verbessern lässt.

Die vorliegenden Preise für Paletten aus Wellpappe sind definitiv zu hoch, um konkurrenzfähig zu sein. Hier stecken jedoch sicherlich noch erhebliche offene Potentiale in der Herstellung größerer Auflagen oder gar Massenproduktion.

---

[92] vgl. Enns, Monika: Vielseitig und hart im nehmen, in: mav online - Portal für die Fertigung. http://www.mav-online.de/O/121/Y/67129/VI/30131774/default.aspx. Gelesen 25.08.2004

9.1.6 Schlussfolgerung

Die vielfältigen Facetten der vorstehenden Diskussion im Vergleich der Palettenmaterialen lassen bereits erahnen, dass eine eindeutige Empfehlung für eine Gattung schier unmöglich ist. Das Für und Wider in der Lebensmittelindustrie zwischen Kunststoff und Holz zeigt, dass selbst für eine Branche keine eindeutige Aussage gemacht werden kann. Auch wenn in einzelnen Aspekten eine bestimmte Palettenart eindeutig als vorteilhafteste Variante hervorgegangen ist, ist doch unklar welches Gewicht dieser Gesichtspunkt für den Einzelnen hat oder ob der Aspekt in einem bestimmten logistischen System überhaupt relevant ist. Es muss vielmehr die Entscheidung für eine bestimmte Palette aus einem bestimmten Material aus dem jeweiligen logistischen System eines Unternehmens mit allen Lieferanten- und Kundenbeziehungen abgeleitet werden. Die vorangehend untersuchten Kriterien können hier als Checkliste bei der Auswahl dienen.

Für die Paletten aus Holz, Pressholz und Wellpappe sprechen in jedem Fall, dass sie aus einem regenerativen Rohstoff gefertigt sind, der in Europa höhere Zuwachs- als Nutzungsraten hat. Außerdem können diese Materialien zumindest teilweise in sich einen Recycling-Kreislauf bilden.

Entwicklungspotentiale werden insbesondere in der preisgünstigen Herstellung von Paletten aus Wellpappe gesehen. Mit Preisen in der Dimension von Holz-Einwegpaletten – die realistisch bei entsprechenden Produktionsverfahren und Mengen erreicht werden können – sollten diese Paletten noch an Bedeutung gewinnen können. Insbesondere wegen ihres hervorragenden Verhältnisses zwischen Eigengewicht und Tragfähigkeit. Ein konkreter Zielpreis für den betriebswirtschaftlich effizienten Einsatz der Wellpappe-Paletten wird sich aus der nachfolgenden Modelrechnung ergeben.

Weitere Potentiale stecken voraussichtlich im Bereich der formgepressten Paletten entsprechend dem Werzalit-Verfahren der INKA-Pressholzpaletten. Zum einen können ggf. im Werzalit-Verfahren noch andere Palettentypen, mit anderen logistischen Eigenschaften (z.B. kufenartige Füße) gefertigt werden, zum anderen finden sich vielleicht auch andere Wertstoffe die ähnlich verarbeitet werden können (z.B. Altpapier). Außerdem lässt sich die grundsätzlich vorhandene Mehrwegfähigkeit der Pressholzpalette noch ausbauen, sowohl in Bezug auf das Produkt als auch systemisch.

Am Rande sei noch der Vollständigkeit halber angemerkt: Auf die Erörterung der neuen, derzeit vielfach thematisierten Möglichkeiten der Prozesssteuerung von Paletten durch RFID[93]-Technologien wurde im gegebenen Zusammenhang bewusst verzichtet, da einerseits die Ausstattung mit Transpondern grundsätzlich bei allen Ladungsträgern möglich ist und andererseits diese Thematik nicht den Paletteneinsatz an sich betrifft, sondern die Identifikation und Steuerung logistische Prozesse generell. Entsprechendes gilt für Software und Dienstleistungen zur Bewirtschaftung von Palettenbeständen und Verwaltung von Palettenkonten.

---

[93] Radio frequency identification

9.2 Systemvergleich

Der Systemvergleich zwischen Einweg und Mehrweg-Systemen ist maßgeblicher Bestand der nachfolgenden Modellrechnung. Die entsprechenden Ergebnisse werden dementsprechend an dieser Stelle gewürdigt. Vorab kann kurz festgehalten werden: Prinzipiell erscheint dem aufgeklärten Menschen im 21. Jahrhundert ein Mehrwegsystem für Wirtschaft und Gesellschaft am vorteilhaftesten. Insbesondere dann wenn sie augenscheinlich funktionieren wie der Tauschpool der Europaletten. Dass ein solcher Anschein bisweilen trügen kann, zeigt ein Beispiel aus einem anderen Bereich:
Getränkeverbundkartons sind fast vollständig recyclebar. Sie können in der Entsorgung außerdem sehr Platz sparend transportiert werden und wiegen dabei auch nicht viel. Das geringe Gewicht und gute Volumenverhältnis sowie die guten Packeigenschaften erleichtern bereits den Transport der frischen Waren in Getränkeverbundkartons. Eine gewissen Sammelquote des Abfalls an Getränkeverbundkartons in den Haushalten und ein logistisch sinnvolles System zur Sammlung vorausgesetzt, kann dieses Einwegsystem erheblich effektiver, effizienter und auch ökologischer gestaltet werden als ein Mehrwegsystem mit Pfandflaschen und -kästen (die schwer sind, leer durch die Gegend gefahren werden müssen und mit hohen Aufwand gereinigt werden müssen). Und trotzdem packt den umweltbewussten Bürger zuweilen das schlechte Gewissen, wenn er im Supermarkt zum Saft in der Box greift.

Im Europaletten-System gibt es für die Insider in Speditionen und verladender Wirtschaft auch Anzeichen, dass vielleicht ähnliche Zusammenhänge bestehen könnten. So führen z.B. naturgemäß regional ungleichgewichtige Güterströme regelmäßig europaweit zur Notwendigkeit der aufwendigen Rückführung leerer Europaletten oder die Controlling-Systeme der Verlader belegen, dass die Europaletten nur einige wenige Tauschumläufe schaffen, bis sie bereits irreparabel entsorgt werden müssen.

Bei allen Materialien der Einwegpaletten – Holz, Pressholz, Kunststoff und Wellpappe – bestehen andererseits grundsätzlich gute Recyclingfähigkeiten in vorhandenen, funktionierenden Entsorgungsschienen. In gepresstem bzw. geschreddertem Zustand können auch alle Materialien hoch verdichtet, logistisch effektiv entsorgt werden.

Es stellt sich also die Frage, ob Mehrweg in jedem Fall die sinnvollere Lösung ist – was nachfolgend detailliert erörtert werden soll.

10 Grundlagen der Prozessbetrachtung

10.1 Methodik des Prozessmanagements

10.1.1 Grundgedanken zur Prozessorientierung

Die nachfolgende Prozessanalyse beschreibt differenziert die unterschiedlichen Ressourcenbedarfe beim Einsatz von Europaletten im Poolsystem, von Kunststoffpaletten im Tauschsystem mit Kunden, bis zur Verwendung von Einwegpaletten auf Grundlage eines Fallbeispielunternehmens. Die Methodik, die dieser Analyse zugrunde liegt, ist die Methodik des Prozessmanagements. Unter Prozessmanagement wird die Grundhaltung verstanden, bei der das gesamte betriebliche Handeln als Kombination von Prozessen beziehungsweise Prozessketten betrachtet wird. Ziel ist die Steigerung von Qualität und Produktivität im Unternehmen durch eine ständige Verbesserung der Prozesse.

Von besonderer Bedeutung ist dabei die Ausrichtung auf die Wünsche und Anforderungen der Kunden sowie die Einbeziehung aller Mitarbeiter auf allen Hierarchieebenen.
Die Methodik des Prozessmanagements und die prozessorientierte Betrachtungsweise haben sich seit der Einführung der prozessorientierten ISO 9000:2000 Normenreihe in vielen Bereichen durchgesetzt. Der Übergang von einer funktionsorientierten zu einer prozessorientierten Sichtweise ist die Basis für die weiterführenden Betrachtungen, da durch diese Betrachtungsweise die Möglichkeit besteht, für unterschiedliche Palettensysteme die wahren Prozesskosten zu ermitteln, die als Basis für das Rechenmodell und in weiterer Folge für die Handlungsempfehlungen dienen sollen.

10.1.2 Merkmale eines Prozesses

Ein Prozess ist grundsätzlich als eine Folge von wiederholt ablaufenden Aktivitäten mit messbarer Eingabe (Input), messbarer Wertschöpfung und messbarer Ausgabe (Output) zu verstehen. Gekennzeichnet wird ein Prozess durch das geordnete Zusammenwirken von Menschen, Maschinen, Materialien und Methoden entlang der Wertschöpfungskette zur Erreichung eines Ziels (z.B. Beschaffung einer Europalette).
Er kann als materieller Prozess (Beschaffung, Erzeugung / Leistungserbringung, Lagerung, Finanzierung) oder als formeller Prozess (Planung, Kontrolle, Entscheidung) beschrieben werden (betrifft Ver- und Bearbeitung von Information, unabhängig vom Trägermedium).

Folgende Merkmale kennzeichnen einen Prozess:
- Besteht aus logisch zusammenhängenden Aktivitäten, die einen Input in einen definierten Output umwandeln
- Ausrichtung auf den Kunden
- Erzeugung eines Wertes für den Kunden
- Inanspruchnahme von Ressourcen
- Unabhängigkeit von den organisatorischen Strukturen (Aufbauorganisation)

10.1.3 Darstellungsformen von Prozessen

Die Prozesse werden in der Regel in Form von Flussplänen dargestellt. Alternativ dazu können auch rein verbale Beschreibungen Verwendung finden. Es sind nur jene Prozesse in Flussplanform zu beschreiben, wo dies aufgrund der Komplexität auch erforderlich ist. Für die Ermittlung der Prozesszeiten und in weiterer Folge der Prozesskosten wird in dieser Studie die Flussplan-Darstellung mit einer zusätzlichen verbalen Beschreibung der Prozesse gewählt.

10.2 Ermittlung der Prozesskosten

10.2.1 Grundlagen der Prozesskostenrechnung

Prinzipiell steht die Prozesskostenrechnung für Analyse, Planung und Optimierung der Bereiche. Sie ermöglicht eine verursachungsgerechtere Verrechnung der indirekten Gemeinkosten auf Produkte, Aufträge, Kunden etc.[94]

Sie ermittelt volle Kosten von Teil- und Hauptprozessen und der sie in Anspruch nehmenden Kalkulationsobjekte. Die Prozesskostenrechnung ist kein völlig neues auf Umorientierung der Kostenrechnung auslösendes Gesamtkonzept, sie umfasst vielmehr eine integrierte Methodik, die letztlich darauf abzielt, sämtliche Kosten konsequent kapazitäts-, prozess- und produktorientiert zu erfassen, zu verrechnen und zu steuern. Die Prozesskostenrechnung will im Gegensatz zu traditionellen Methoden die Kostenverteilungen, Kostenumlagen und pauschalen Kostenzuschläge konsequent abschaffen. Tatsächlich fallen die Kosten einerseits durch das Vorhalten von Kapazitäten und andererseits für die Nutzung der Ressourcen an.

Diese Eigenschaften der Prozesskostenrechnung sind Voraussetzung für die Erstellung eines Rechenmodells für den Vergleich und die Bewertung unterschiedlicher Palettensysteme

Um unmittelbare Kostenwahrheit zu erhalten, die auch für allgemeingültige Betrachtungen relevant ist, werden bei der Prozesskostenrechnung folgende Grundsätze eingehalten:
- Abkehr von wertmäßigen Bezugsgrößen
  Bei der Prozesskostenrechnung geht es darum, die leistungswirtschaftlichen Beziehungen zwischen Ressourcen, Prozessen und Produkten aufzudecken.
- Schaffung von Kostentransparenz durch Leistungstransparenz
  Bei der Prozesskostenrechnung geht es auch darum, zunächst die für das Vorhalten unterschiedlicher Ressourcen anfallenden Kosten möglichst genau erfassen, planen, kontrollieren und steuern zu können.

Für umfassendere Produktkalkulationen müssen Kosten indirekter Bereiche einbezogen werden. Die Identifikation und Kalkulation von Hauptprozessen, die sich wiederum aus Teilprozessen zusammensetzen.

---

[94] Vgl. Remer, D.: Einführen der Prozesskostenrechnung, Stuttgart, 1997, S.1

Folgende Schritte wurden bei der Ermittlung der Prozesskosten eingehalten:
- Bildung von Hypothesen über Hauptprozesse und Kostentreiber
- Prozess- bzw. Tätigkeitsanalyse und Bestimmung von Maßgrößen (Kostentreiber)
- Kapazitäts- und Kostenzuordnung
- Ermittlung von Prozesskostensätzen und Verdichtung zu endgültigen Hauptprozessen
- Bestimmung von Planprozessmengen

10.2.2 Ermittlung der Prozesszeiten

Der Faktor „Zeit" ist die gemeinsame Bezugsgröße aller bei der betrieblichen Leistungserstellung Beteiligten, also der arbeitenden Menschen und der eingesetzten Betriebsmittel. Die Prozesszeiten des Palettenhandlings sind Basis für die Ermittlung der Prozesskosten und die Erarbeitung des Rechenmodells.

10.3 Definition von Prozessbereichen

Folgende Prozessbereiche wurden zur Ermittlung der unterschiedlichen internen und externen Prozesskosten für unterschiedliche Palettensysteme definiert:
- Bedarfsermittlung
- Versorgung
- Palettenverwaltung
- Palettentausch
- Beschaffung/Reparatur/Ersatz
- Behandlung Außenstände
- Transportprozesse

11 Darstellung der Paletten-Prozesse

11.1 Überblick

Die nachfolgenden Prozessdarstellungen für Europaletten, Kunststoffpaletten und Einwegpaletten, als graphische Darstellung der oben erwähnten Erhebungen, dienen als Basis für das in dieser Studie erarbeitete Prozesskostenmodell. Der Ressourcenbedarf, dargestellt als Zeitaufwand („ZA [min/Woche]") wurde für die einzelnen Prozessschritte und beteiligten Mitarbeiter in der Zeiteinheit „Minuten pro Woche" ermittelt.

Zu den indirekten Aufwänden zählen die Abteilungsleiter, Maschinenführer, Sachbearbeiter aus Expedit, Einkauf und Verkauf, Einkaufsleiter sowie Verkäufer. Den direkten Aufwänden sind das produktive Personal, die Staplerfahrer und die LKW-Fahrer zugeordnet.

11.2 Prozesskomponenten im Fallbeispiel

11.2.1 Bedarfsermittlung

Bei der Konfiguration der Endprodukte (Erstellung der Produktstücklisten) und damit in der Angebotskalkulation wird bereits auf die unterschiedlichen Kundenwünsche eingegangen. Die Anforderungen der Kunden richten sich in diesem Fall nach den marktüblichen Bezeichnungen der Palettenhersteller und -Händler. Denen zufolge wird zwischen „neuen Europaletten", „neuwertigen Europaletten" und „tauschfähigen Europaletten" unterschieden.

Die Kundenanforderung wird in Form der Packvorschrift (bei Wiederholaufträgen) auf den Fertigungsaufträgen angeführt. Bei Neuaufträgen wird die Packvorschrift von der Produktion empirisch ermittelt und von der technischen Arbeitsvorbereitung für mögliche Folgeaufträge EDV-mäßig dokumentiert. Diese empirische Ermittlung liegt in der speziellen Anforderung des betrachteten Industriezweiges in der Packmittelindustrie und begründet sich mit der notwendigen Optimierung des Schlichtbildes der erzeugten Produkte auf der Palette. Im Sinne einer allgemeingültigen Analyse der Prozesskosten wurden diese branchenspezifischen Aufwände bewusst außer Acht gelassen.

11.2.2 Versorgung mit Paletten

Jeder Fertigungsauftrag enthält eine Packvorschrift, die auch die Palettierung beinhaltet. Dabei werden die zulässigen Stückzahlen der Eigenprodukte sowie weitere Besonderheiten, wie z.B. Deckpalette oder die nur erlaubte Verwendung von neuwertigen oder neuen Europaletten berücksichtigt. Da immer mehr Kunden voll- oder teilautomatisierte Lager- und Transporteinrichtungen verwenden, ist besonderes Augenmerk einerseits auf die Qualität der Ladungsträger und andererseits auf die genaue Einhaltung der Abmaße hinsichtlich Palettenüberstände (längs und quer) sowie auf die zulässigen Stapelhöhen (minimal und maximal) zu achten. Aufgrund dieser detaillierten Angaben ermittelt die Produktion manuell die notwendige Anzahl an Paletten.

Während die Verwendung von gebrauchten Europaletten keine besonderen Anstrengungen erfordert, ist der dispositive Aufwand für neue und neuwertige Europaletten unverhältnismäßig hoch. Neben der laufend durchzuführenden Bestandsführung und Verfügbarkeitsprüfung sind auch die einzelnen Prozessschritte der Beschaffung zu berücksichtigen. In einigen Bedarfsunterdeckungsfällen, in denen die übliche Lieferzeit nicht ausreicht, müssen gesonderte Absprachen und Eil-Aktionen, bis hin zu Eiltransporten erfolgen.

Die Ursachen derartiger Probleme liegen meist in der falschen Palettenzuordnung bei anderen Aufträgen (z.B. statt neuwertige wurden neue Paletten verwendet; andere Abteilungen haben einen ungeplanten Mehrbedarf etc). Aufgrund der Dringlichkeit der Liefertermine werden auch Paletten aus dem vorhandenen Bestand aussortiert. Das Aussortieren ist nur deshalb erfolgreich, da die Retourpaletten vom Kunden vor der Einlagerung nicht aussortiert werden und daher alle Retourpaletten als „gebrauchte Paletten" bewertet werden.

Auffallend ist, dass der indirekte Prozessaufwand (Bedarfsermittlung, Bestandsermittlung) unabhängig vom System und den verwendeten Palettentypen gleich hoch ist. Auch die direkten Prozesskosten unterscheiden sich, unter der Voraussetzung gleicher Verfügbarkeit der verschiedenen Palettentypen für die notwendigen Prozessschritte bei Unterdeckung kaum. Bedingt durch die unterschiedlichen Klassifizierungen der Europaletten (neue, neuwertige, gebrauchte) ist dieses System im Vergleich zum Tauschsystem von Kunststoffpaletten, wenn auch geringfügig, aufwendiger.

Die Verwendung von Einwegpaletten bedingt wesentlich geringere Zeitbedarfe für die Staplerfahrer, da die Transporte unbrauchbarer Paletten zur Entsorgungs- oder Reparaturstelle vollständig entfallen.

11.2.3 Palettenverwaltung

Das Expedit (Versandabteilung) ist für die Verfolgung und Dokumentation der Palettenausgänge und -eingänge verantwortlich. Während auf der Ausgangsseite die Bearbeitung meist durch vorgelagerte EDV-Systeme unterstützt wird, müssen auf der Eingangsseite die unterschriebenen Gegenscheine des Kunden als papierbasierte Dokumente bearbeitet und archiviert werden. Bei der Rücklieferung wird keine Unterscheidung in neue, neuwertige und gebrauchte Europaletten durchgeführt. Dies begründet sich im hohen manuellen Aufwand der Trennung einerseits und würde auch andererseits eine, mit dem Kunden gemeinsam festzulegende Klassifizierung der einzelnen Palette, bedingen.

Im Fall von längerfristigen Außenständen werden die Kunden mit einem vordefinierten Schreiben „Paletten-Außenstand" informiert. Eine Kopie dieser Schreiben erhält jeweils der Verkauf. Da auch die beauftragten Speditionen nicht immer in der Lage sind, die übernommenen Paletten auch tatsächlich Zug-um-Zug zu tauschen, sind diese Ausgänge gesondert zu führen.

Die Prozesskosten des Expedits sind nicht von der Verwendung bestimmter Palettentypen (Europaletten, Kunststoffpaletten), sondern vielmehr davon abhängig, welches System zugrunde liegt. Während bei jedem Tauschsystem die Aufwände, bedingt durch die notwendige Administration sowie Tausch und Rückführung enorm hoch sind, entstehen bei einem Einwegsystem praktisch keine Prozesskosten in dieser Abteilung.

11.2.4 Beschaffung/Reparatur/Ersatzbeschaffung

Die Beschaffungsaktivitäten bei der Verwendung von Europaletten oder Kunststoffpaletten in einem Tauschsystem beschränken sich auf gelegentlich notwendige Ersatzkäufe und auf die Veranlassung der Entsorgung unbrauchbarer Paletten.
Teilweise werden auch Reparaturen von gebrauchten Europaletten durchgeführt und belasten die Einkaufsabteilung zusätzlich administrativ. Jeweils 14-tägig kommt die SGS-Prüfstelle und kontrolliert die Ausführung der Reparaturen. Die Kenntnisnahme des Prüfberichtes und die fallweise Bearbeitung der Beanstandungen ist die Aufgabe der Einkaufleitung. Der größte Schwachpunkt innerhalb des Prozessschrittes Palettenreparatur ist der Umstand, dass bei den zur Bearbeitung bereitgestellten Paletten immer eine unbestimmte Anzahl Paletten dabei ist, welche auch ohne Reparatur tauschfähig sind und damit unnötige Ausgaben hervorrufen. Teilweise werden die Paletten daher vor der Bereitstellung zur Reparatur aussortiert.

Im Vergleich zum einem Tauschsystem bedingt der Einsatz von Einwegpaletten, durch die wesentlich größere Bestellhäufigkeit, auch einen höheren Aufwand in der Beschaffung.

11.2.5 Behandlung Außenstände

Der Verkauf erhält vom Expedit Kopien der Palettenaußenstandsschreiben, welche an die Kunden gesendet werden, und leitet diese an den zuständigen Verkäufer zur Information per Mail weiter. Dabei sind laufend Korrekturen notwendig, da der Warenempfänger der Paletten nicht zwangsläufig auch der Schuldner ist. Dies ist hauptsächlich dann der Fall wenn „im Auftrag des Kunden" die Endprodukte an Dritte geliefert werden.
Die Problemklärung und Bearbeitung diesbezüglicher Beschwerden seitens der Kunden, wird von Verkaufsinnendienst wahrgenommen. In einigen Fällen ist auch zusätzlich der Verkäufer zu kontaktieren, um eine Klärung mit den Kunden Vorort herbei zu führen.

Zwischen der Evidenzführung der Paletten des Lieferanten und den eigenen Daten der Kunden treten, da es sich um zwei vollkommen autonom geführte Systeme handelt, zwangsläufig Differenzen auf. Bei Streitfällen werden meist aus Kulanzgründen die buchhalterischen Palettenaußenstände zugunsten des Kunden auf null gesetzt (ausgebucht).

Auch hier gilt, wie schon erwähnt, dass bei einem Einsatz von Einwegpaletten der Aufwand für die Administration des Tauschsystems praktisch vollkommen entfällt. Erwähnenswert ist weiters, dass die Beziehung zu den Kunden verbessert wird, da Unstimmigkeiten wie sie beim Tauschsystem auftreten können, vermieden werden.

11.3 Prozessdarstellungen für Europaletten

11.3.1 Prozessübersicht Europaletten

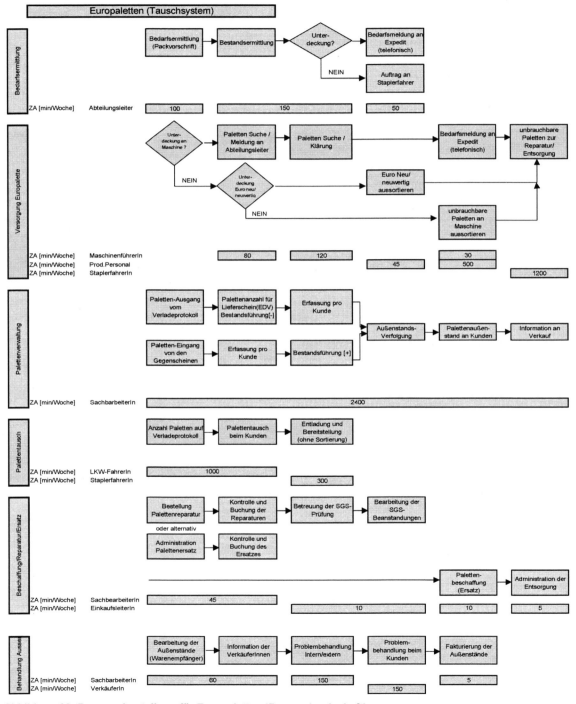

Abbildung 36: Prozessdarstellung für Europaletten (Prozesslandschaft)

11.3.2 Prozessdarstellung Bedarfsermittlung Europaletten

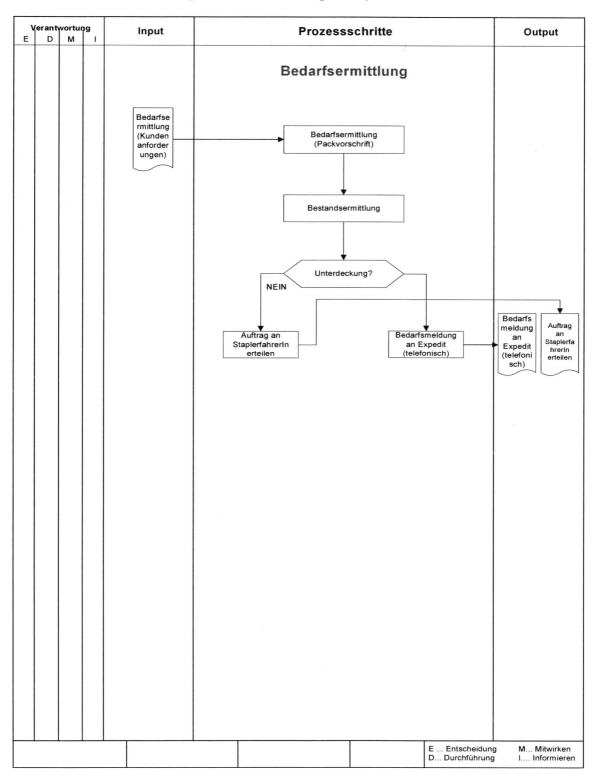

Abbildung 37: Prozessdarstellung für Europaletten (Bedarfsermittlung)

Darstellung der Paletten-Prozesse

11.3.3 Prozessdarstellung Versorgung Europaletten

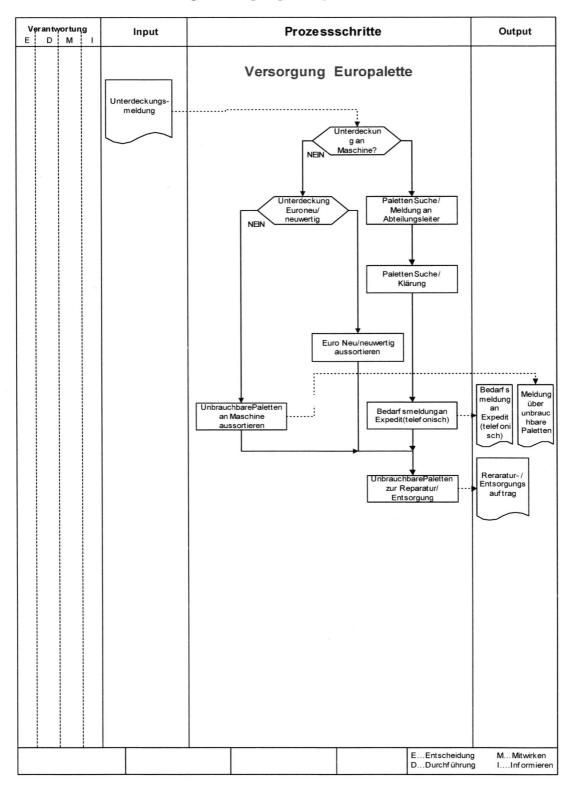

Abbildung 38: Prozessdarstellung für Europaletten (Versorgung)

11.3.4 Prozessdarstellung Palettenverwaltung

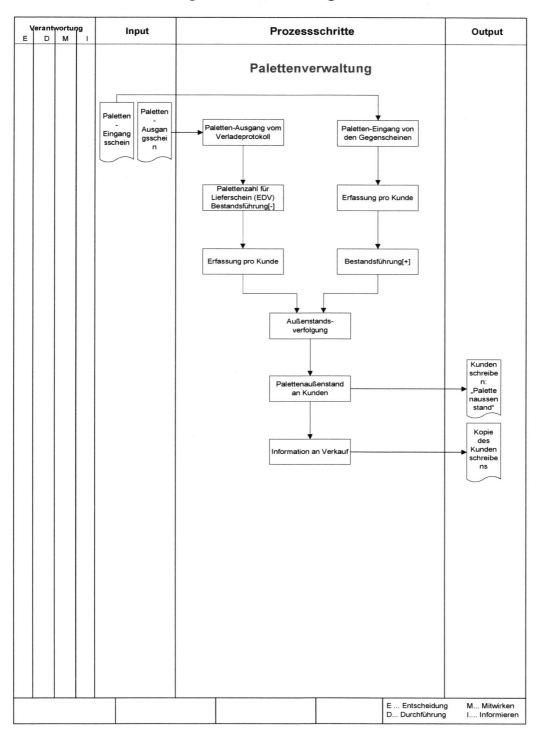

Abbildung 39: Prozessdarstellung für Europaletten (Palettenverwaltung)

Darstellung der Paletten-Prozesse

11.3.5 Prozessdarstellung Palettentausch

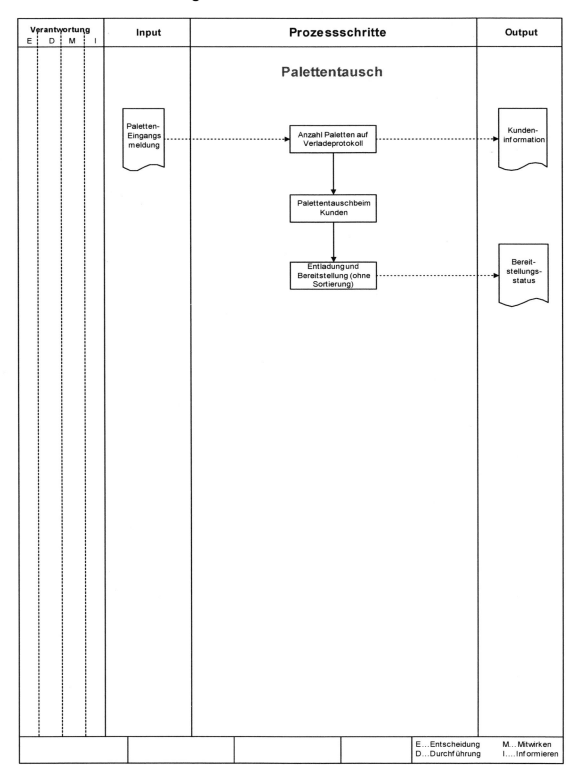

Abbildung 40: Prozessdarstellung für Europaletten (Palettentausch)

11.3.6 Prozessdarstellung Beschaffung/Reparatur/Ersatz

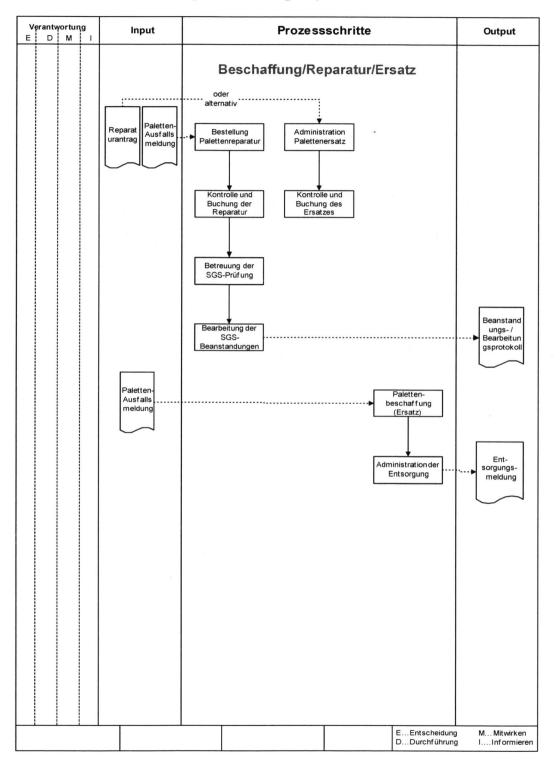

Abbildung 41: Prozessdarstellung für Europaletten (Beschaffung/Reparatur/Ersatz)

11.3.7 Prozessdarstellung Behandlung Außenstände

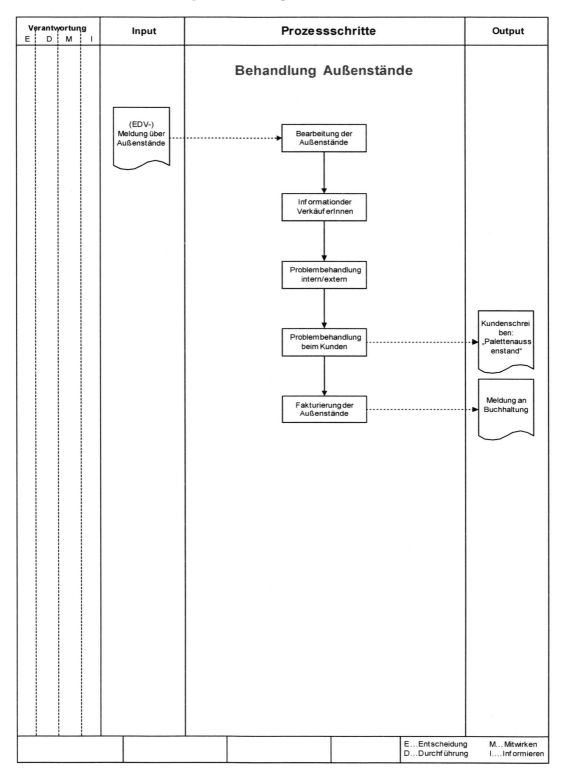

Abbildung 42: Prozessdarstellung für Europaletten (Behandlung Außenstände)

11.4 Kunststoffpaletten im Tauschsystem

11.4.1 Prozessübersicht Kunststoff-Mehrwegpaletten

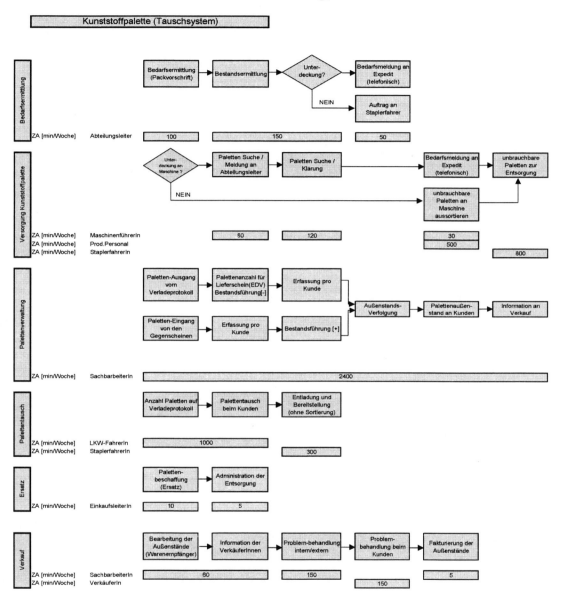

Abbildung 43: Prozessübersicht für Kunststoffpaletten im Tauschsystem

11.4.2 Prozessdarstellung Bedarfsermittlung Kunststoff-Mehrwegpaletten

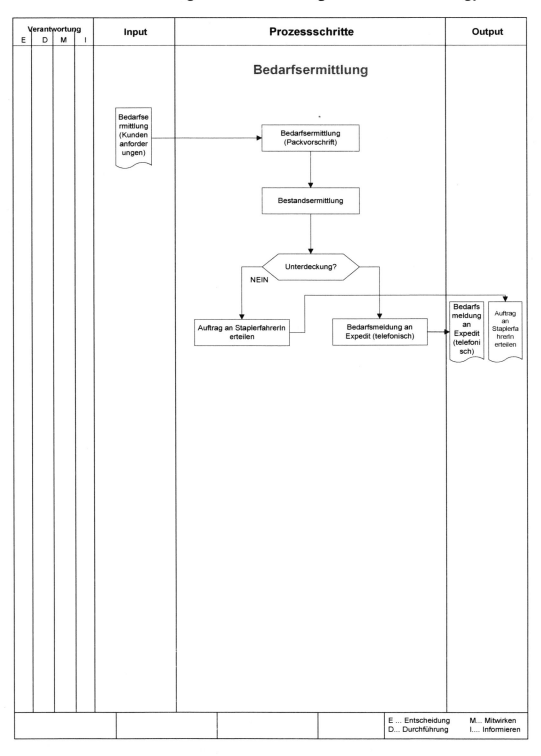

Abbildung 44: Prozessdarstellung für Kunststoffpaletten (Bedarfsermittlung)

11.4.3 Prozessdarstellung Versorgung Kunststoff-Mehrwegpaletten

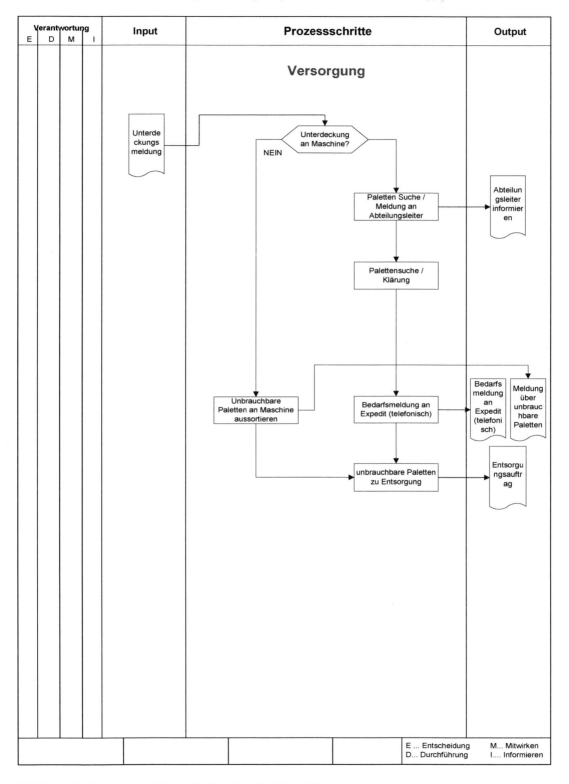

Abbildung 45: Prozessdarstellung für Kunststoffpaletten (Versorgung)

11.4.4 Prozessdarstellung Palettenverwaltung

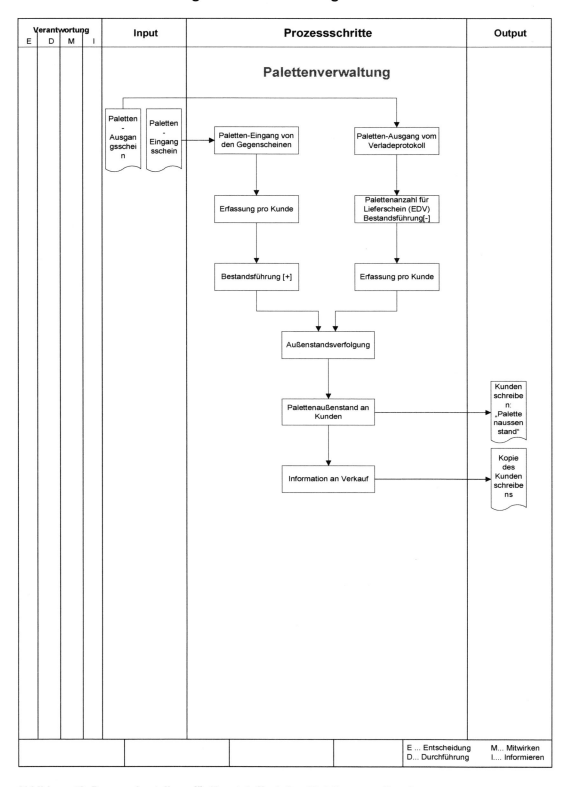

Abbildung 46: Prozessdarstellung für Kunststoffpaletten (Palettenverwaltung)

11.4.5 Prozessdarstellung Palettentausch

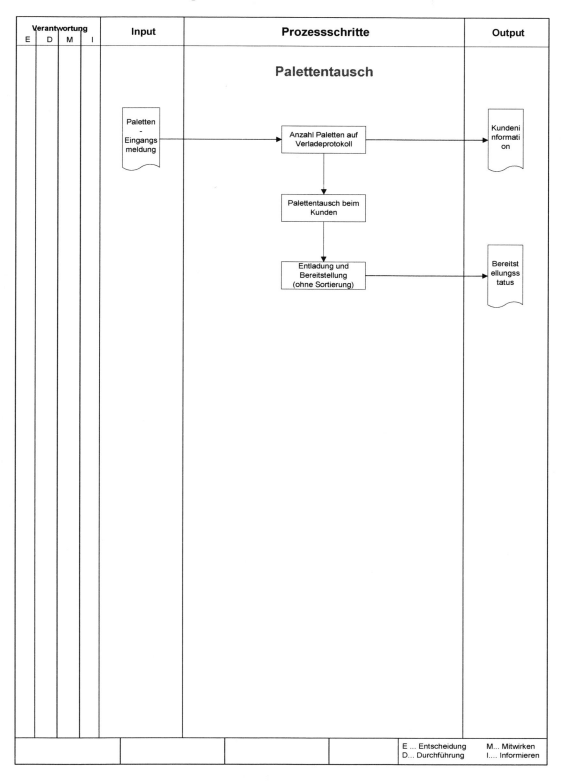

Abbildung 47: Prozessdarstellung für Kunststoffpaletten (Palettentausch)

11.4.6 Prozessdarstellung Ersatz

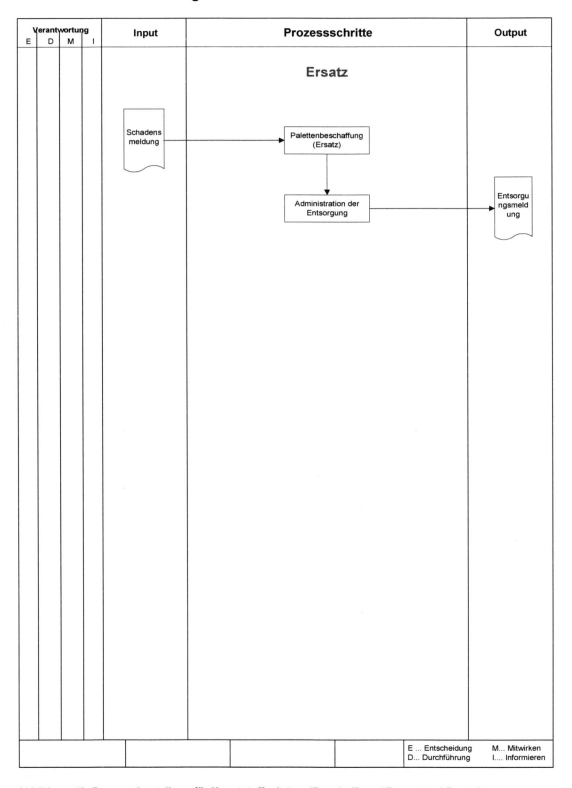

Abbildung 48: Prozessdarstellung für Kunststoffpaletten (Beschaffung / Reparatur / Ersatz)

11.4.7 Prozessdarstellung Behandlung Außenstände

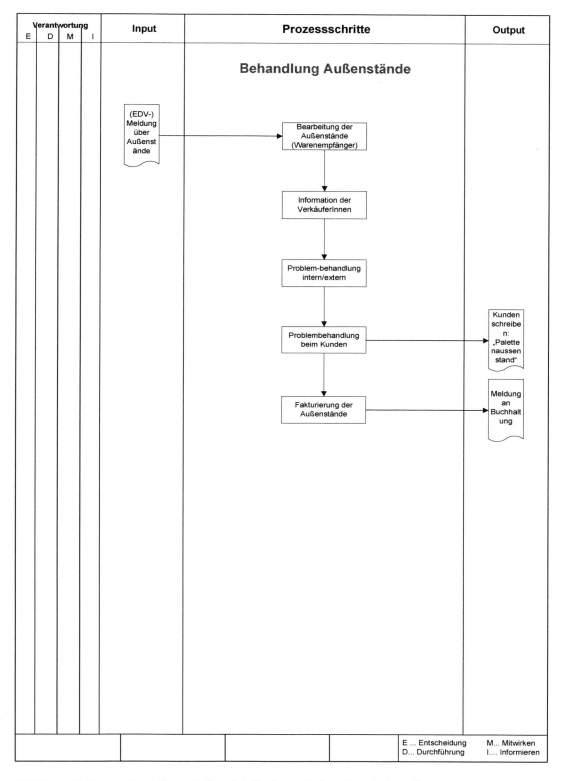

Abbildung 49: Prozessdarstellung für Kunststoffpaletten (Behandlung Außenstände)

11.5 Einwegpaletten (ohne Tauschsystem)

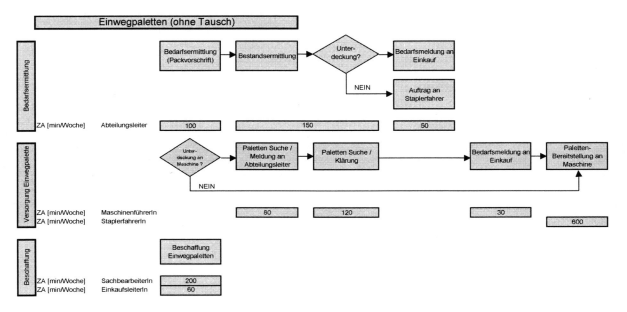

Abbildung 50: Prozessübersicht für Einwegpaletten (ohne Tauschsystem)

11.5.1 Prozessdarstellung Bedarfsermittlung Einwegpaletten

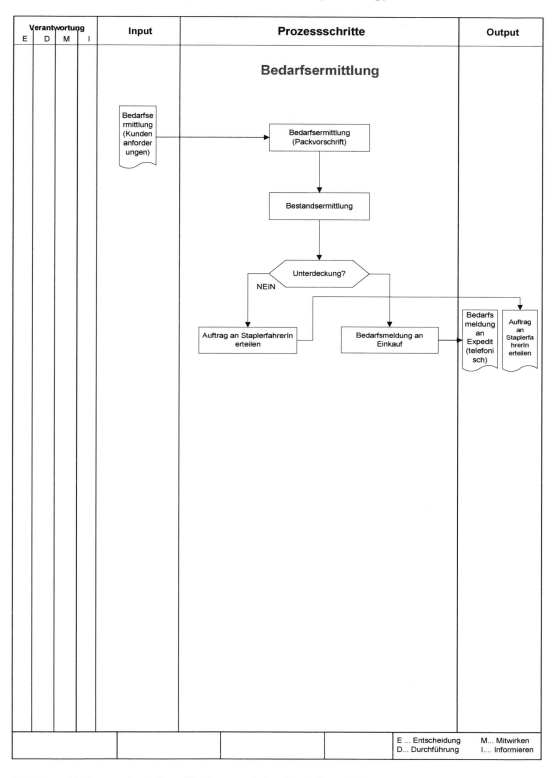

Abbildung 51: Prozessdarstellung für Einwegpaletten (Bedarfsermittlung)

Darstellung der Paletten-Prozesse

11.5.2 Prozessdarstellung Versorgung Einwegpaletten

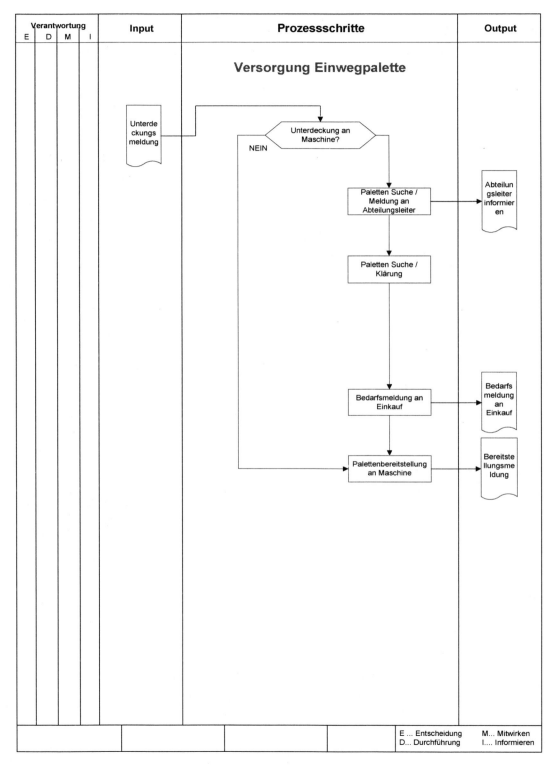

Abbildung 52: Prozessdarstellung für Einwegpaletten (Versorgung)

11.5.3 Prozessdarstellung Beschaffung

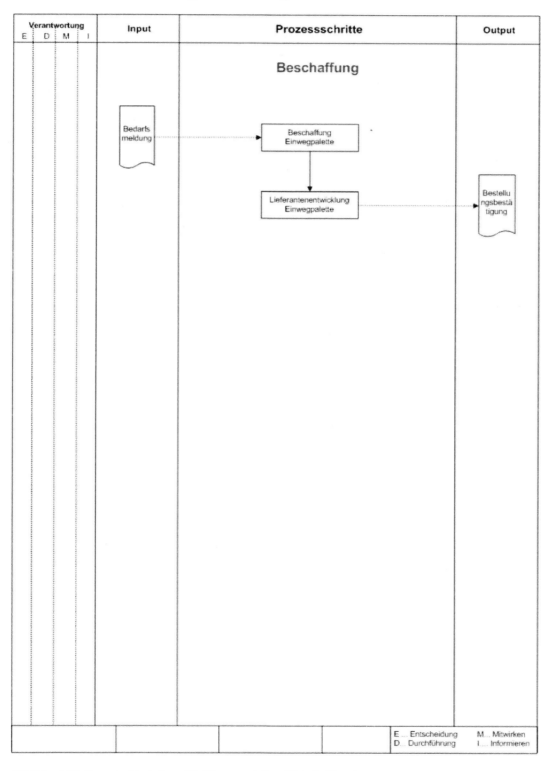

Abbildung 53: Prozessdarstellung für Einwegpaletten (Beschaffung)

11.5.4 Transportkosten

Die Transportkosten wurden mit mehreren EDV-Programmen (Transportplanungsprogrammen) und Algorithmen berechnet und insgesamt nach Distanzen dargestellt. Es handelt sich hierbei um eine äußerst komplizierte Rechnung, die verschiedene Faktoren der österreichischen Transportwirtschaft inkl. dem road pricing beinhaltet. Die Transportkosten werden getrennt nach Hinfahrt und Rückfahrt angegeben und gelten auf Distanzen in Österreich.

11.6 Ergänzung der Prozessdarstellung: Mietsystem (Chep)

Mit derzeit weltweit rd. 265 Millionen Paletten in einem Mietpool[95] ist das australische Unternehmen Chep (**C**ommonwealth **H**andling **E**quipment **P**ool) der größte Outsourcingpartner für Paletten. Über 2,5 Millionen Palettenladungen werden täglich auf Chep-Paletten bewegt. In Europa zählen 40.000 Konsumgüterhersteller und 180.000 Handelsunternehmen zu den Kunden von Chep.[96]

Das Chep-System funktioniert denkbar einfach. Der Dienstleister stellt seinen Kunden bedarfsgerecht die Paletten zur Verfügung und holt die Leerpaletten nach dem Transport bzw. am Ende der Lieferkette bei den Empfängern wieder ab und führt sie in die Chep-Service-Center zurück. Dort werden die Paletten kontrolliert und bei Bedarf gereinigt oder repariert bzw. defekte Ladungshilfsmittel werden aus dem Verkehr gezogen.[97]

Zur Identifikation sind die Chep-Paletten mit einem eingebrannten oder aufgedruckten Eigentümerhinweis versehen sowie mit blauer Farbe eingefärbt.

Abbildung 54: Chep-Mietpalette

Die Kosten der Palettenbewirtschaftung werden für den Verlader durch das Chep-System weitestgehend variabilisiert – nur wenn Paletten benötigt werden, fallen Kosten an. Die Kostenparameter sind einerseits Art, Qualität und Menge der Paletten und andererseits die Mietzeit sowie die Bereitstellung oder Anlieferung der Paletten beim Verlader und die Abholung bei den Empfängern. In der Preisbildung bei Chep wird berücksichtigt, ob der Empfänger Chep-Kunde ist und welche Mengen von Chep-Paletten bei einem Empfänger anfallen.

---

[95] vgl. Chep: Was bedeutet Paletten- und Behälter Pooling?, online.
http://www.chep.com/chepapp/chep?command=fwd&to=choosechep/what_is_pooling.jsp&lcd=de. Gelesen 29.09.04
[96] vgl. Ernst, Eva Elisabeth: Der blaue Mietpool, in: Logistik inside, Ausgabe 08, August 2004, 3. Jhg., S. 46 - 47
[97] vgl. Chep: Wie funktioniert das Chep Pooling System?, online.
http://www.chep.com/chepapp/chep?command=fwd&to=choosechep/how_does_it_work.jsp&lcd=de. Gelesen 29.09.04

Die Paletten werden dem Mieter für den vereinbarten Einsatz zur Verfügung gestellt. Der Ladungsempfänger darf die Paletten nicht weiter nutzen, außer er ist als Vertragspartner dazu autorisiert. Gerade bei kleineren Empfängern mit geringen Mengen angelieferter Waren und daher selteneren Abholungen der leeren Chep-Paletten kommt es jedoch häufiger zu unautorisierter Weiternutzung der Paletten.

Für Hersteller ist es manchmal problematisch, wenn miteinander verbundene Logistikschienen mit unterschiedlichen Palettensystemen laufen. So beendete z.B. Eckes-Granini seine Zusammenarbeit mit Chep, weil sich in der Auslieferung an den Handel der Einsatz von Chep-Paletten nur beim Einwegsortiment durchgesetzt hatte – beim Mehrwegsortiment hatte die Rückführung des Leergutes durch den Getränkefachhandel nicht geklappt.[98]

Auch wird das Chep-System von vielen Spediteuren nicht gerade positiv beurteilt. Immer wieder werden bei Auslieferungen vom Empfänger versehentlich leere Chep-Paletten anstelle von Europaletten zurückgegeben. Für den Spediteur ist dies dann verlorenes Kapital, da er die Chep-Paletten nicht weiter benutzen darf bzw. die Chep-Paletten im Tauschsystem nicht eingesetzt werden können.

Der Umlauf einer Chep-Palette kostet zwischen € 2,00 und € 3,00[99]. Genauere Angaben konnten nicht ermittelt werden und hängen letztlich auch von den vorher definierten Parametern ab.

---

[98] vgl. Ernst, Eva Elisabeth: Der blaue Mietpool, in: Logistik inside, Ausgabe 08, August 2004, 3. Jhg., S. 47
[99] laut Angabe der Geschäftsführung von Chep Österreich

12 Volkswirtschaftliche Aspekte der Prozessbetrachtung

Insbesondere für die Betrachtung der internen Prozesse kann sich die Untersuchung der volkswirtschaftlichen Aspekte eng an der betriebswirtschaftlichen Kalkulation orientieren. Die jeweiligen Preise der Kostenkomponenten in den internen Prozessabläufen können als Maß der gesellschaftlichen Opportunitätskosten herangezogen werden. *Das bedeutet, dass im Bezug auf alle betriebsinternen Prozesse des Paletten-Handlings und in der Palettenbewirtschaftung die betriebswirtschaftlich effizienteste Variante auch die volkswirtschaftlich vorteilhafteste ist.* Dies gilt insbesondere, da in den reinen internen Palettenprozessen keine externen Effekte zu erwarten sind und die Kosten nicht durch Monopolstellungen von Anbietern verzerrt werden.

Die im betriebswirtschaftlichen Rechenmodell der internen Prozesswelt über die Anschaffungskosten zugeordnete Herstellung der Paletten muss in der volkswirtschaftlichen Analyse jedoch etwas weitergehend betrachtet werden.

Zum einen liegt durch die sehr begrenzte Anzahl von Anbietern im Bereich der Wellpappe-Einwegpaletten zumindest ein enges Oligopol vor. Es ist zu vermuten, dass die Renditen für den Anbieter im Vergleich zu einer polypolistischen Situation unverhältnismäßig hoch sind. Außerdem können sich bei den Wellpappe-Paletten aufgrund der derzeit noch geringen Auflagen im Vergleich zu Holz- oder Kunststoff-Paletten Mengen- und Skaleneffekte in der Produktion weniger entfalten. Es kann also davon ausgegangen werden, dass für die Wellpappe-Einwegpalette der Preis in seiner Funktion als Opportunitätskostenmaß „überteuert" ist.

Zum anderen muss diskutiert werden, ob bei der Herstellung von Paletten unterschiedlicher Materialien ggf. negative externe Effekte auftreten, die nicht in den Verkaufspreisen internalisiert sind. Wesentliche Ansatzpunkte dieser Betrachtung dürften einerseits negative Externalitäten aufgrund des Rohstoffverbrauches und andererseits schädliche Umweltemissionen bei der Produktion sein. Externe Effekte aufgrund des Energieverbrauchs bei der Produktion sollten durch die Kosten für den unterschiedlichen Energiebedarf über den Preis berücksichtigt sein – wenn nicht in absoluter Höhe, so doch im Vergleich der Alternativen.

Beim Rohstoffverbrauch kann angenommen werden, dass die Alternativen mit Holz und Wellpappe mit ihrem regenerativen Rohstoff Holz[100] tendenziell vorteilhafter sind als die auf der endlichen Ressource Erdöl basierende Kunststoff-Produktion.
Unterschiede bei den negativen externen Effekten von Umweltemissionen setzen voraus, dass die bei den unterschiedlichen Produktionsverfahren auftretenden und an die Umwelt abgegeben Emissionen in unterschiedlichem Umfang anfallen <u>und</u> dies nicht durch die Internalisierung über Steuern und Abgaben entsprechend berücksichtigt ist. Ein dahinge-

---

[100] In allen europäischen Ländern mit Ausnahme von Spanien und Portugal ist der jährliche Holzeinschlag geringer als der Zuwachs. In Deutschland beträgt der jährliche Zuwachs z.B. 57 Mio. m^3. Davon werden nur 40 Mio. m^3 genutzt. Vgl. Bundesverband Holzpackmittel, Paletten, Exportverpackung e.V.: Die ökologischen Pluspunkte der Holzverpackung, online. http://www.hpe.de/Infoholz/oekoplus/oekoplus.html. Gelesen 27.03.2004

hender Vergleich – insbesondere zwischen der Kunststoff- und Wellpappe-Herstellung – würde den Rahmen dieser Forschungsarbeit sprengen. Festgehalten werden kann jedoch, dass bezüglich der Umweltemissionen die Holzpalette in jedem Fall das geringste Aufkommen aufweist. Was als Indiz gelten kann, dass bei Holzpaletten auch die wenigsten negativen Externalitäten bleiben.

Zusammenfassend kann bis hierher festgehalten werden: Die betriebswirtschaftlichen Kosten des Paletten-Handlings und der Palettenbewirtschaftung in einem Unternehmen indizieren den volkswirtschaftlichen Nutzen im Vergleich von Alternativen. In der vorliegenden Modellrechnung umfasst dies auch die Herstellung der Paletten. Zusätzlich zu berücksichtigen ist jedoch, dass der Anschaffungspreis der Einwegpaletten aus Wellpappe die volkswirtschaftlichen Kosten dieser Alternative eher zu stark beeinflussen. Weiterhin verschafft die Betrachtung negativer externer Effekte den Herstellungsmaterialen Holz und Wellpappe in der Untersuchung des Rohstoffeinsatzes Vorteile gegenüber Kunststoff. In Bezug auf Umweltemissionen kann tendenziell nur die Produktion von Holzpaletten einen Bonus verbuchen.

Für den Bereich des Transportes können ebenfalls die betriebswirtschaftlichen Kosten als Indikatoren der gesellschaftliche Opportunitätskosten herangezogen werden. Durch die Berücksichtigung der unterschiedlichen Gewichte der Paletten bei der Bestimmung der allein durch das Transporthilfsmittel verursachten Transportkosten, wird die unterschiedliche Ressourcennutzung der Palettentypen berücksichtigt. Im straßengebundenen Güterverkehr sicherlich vorhandene externe Effekte können prinzipiell vernachlässigt werden, da sich alle Palettenalternativen im gleichen Bezugssystem – Lkw-Transport – befinden. Höhere anteilige Transportpreise, aufgrund mehr Dieselverbrauch, Reifenabrieb etc. wegen höherer Palettengewichte, sind zugleich auch Gradmesser für negative externe Effekte. Offen ist, ob es sich hierbei um einen linearen Zusammenhang handelt. Sicher ist jedoch, dass die Reihung der Alternativen nach den anteiligen Transportkosten auch die Reihung nach dem volkswirtschaftlichen Nutzen reflektiert. Nachdem den Transportpreisen außerdem keine Monopolstellungen zugrunde liegen, können die Transportkosten als Indikator der volkswirtschaftlichen Vorteilhaftigkeit der Alternativen dienen.

Zuletzt bleibt im volkswirtschaftlichen Vergleich der Alternativen der Bereich der Entsorgung ausgedienter Paletten offen. Für diese Untersuchung wird ein Indikatorensystem bestimmt. Die Altstoff Recycling Austria AG (ARA) bietet österreichischen Unternehmen an, ihre gesetzliche Verpflichtung zur Rücknahme und Verwertung von Verpackungen über eine Lizenzgebühr für jede in den Verkehr gebrachte Verpackung abzugelten. Die ARA wiederum stellt Systeme zur Sammlung und zum Recycling von Altstoffen im privaten und gewerblichen Bereich bereit. Die ARA-Lizenzgebühren können daher als Indikator für die volkswirtschaftlichen Kosten der Entsorgung bzw. dem Recycling unterschiedlicher Herstellungsmaterialien dienen.

ARA-Gebühren für Lizenzpartner 2004[101] betragen für ...
... Transportverpackungen[102] aus Papier, Karton, Pappe, Wellpappe:

---

[101] Altstoff Recycling Austria AG: Tarifübersicht / Preise, online. http://www.ara.at/. Gelesen 27.03.2004

0,05 € netto pro kg.

... Packstoffe aus Holz:
0,023 € netto pro kg

... große Kunststoffverpackungen:
0,23 € netto pro kg

Auch wenn die ARA-Lizenzgebühren nicht unbedingt in ihrer absoluten Höhe angesetzt werden können, kann doch zumindest die Verhältnismäßigkeit unterschiedlicher Palettenmaterialien in der Entsorgung bestimmt werden. Betrachtet man z.B. eine Wellpappen-Palette mit 3 kg, eine leichte Holz-Einwegpalette mit 12 kg und eine leichte Kunststoff-Einwegpalette mit 5,5 kg ergibt sich folgende Relation:

3 kg • 0,05 €	:	12 kg • 0,023 €	:	5,5 kg • 0,23 €
Wellpappe		Holz		Kunststoff
0,15 €	:	0,28 €	:	1,27 €
Wellpappe		Holz		Kunststoff

oder als ganzzahliges Verhältnis gerundet:

1	:	2	:	8
Wellpappe		Holz		Kunststoff

Interpretiert man die ARA-Lizenzgebühren als Indikator der volkswirtschaftlichen Kosten, sagt dieses Verhältnis aus, dass eine Kunststoffpalette bei einmaliger Verwendung achtmal mehr volkswirtschaftliche Kosten bei der Entsorgung verursacht als Paletten aus Wellpappe.

Auch um das Verhältnis in den Entsorgungskosten einer Wellpappe-Einwegpalette und zu einer Kunststoff-Mehrwegpalette und einer Europalette aufzustellen, können die ARA-Lizenzgebühren als Indikatoren verwendet werden.

Für den Vergleich werden die bei der Fallstudie verwendete Kunststoffpalette mit 14 Kg Eigengewicht und die Europalette mit durchschnittlich 25 kg eingesetzt.

3 kg • 0,05 €	:	25 kg • 0,023 €	:	14 kg • 0,23 €
Wellpappe-Einwegpalette		Holz-Europalette		Kunststoff-Mehrwegpalette
0,15 €	:	0,575 €	:	3,22 €
Wellpappe-Einwegpalette		Holz-Europalette		Kunststoff-Mehrwegpalette

---

[102] Transportverpackungen sind gemäß ARA-Definition Verpackungen wie Schachteln oder ähnliche Umhüllungen sowie Bestandteile von Transportverpackungen, die dazu dienen, Waren oder Güter entweder vom Hersteller bis zum Vertreiber oder auf dem Weg über den Vertreiber bis zur Abgabe an den Letztverbraucher vor Schäden zu bewahren, oder die aus Gründen der Sicherheit des Transports verwendet werden.

oder als ganzzahliges Verhältnis gerundet:

1	:	4	:	21
Wellpappe-Einwegpalette		**Holz-Europalette**		**Kunststoff-Mehrwegpalette**

Die Verhältniskennzahlen lassen sich wie folgt interpretieren:

Betrachtet man *ausschließlich den Bereich der Entsorgung* muss eine Kunststoffpalette mindestens 21 Mal eingesetzt werden, bevor sie entsorgt wird, um im Vergleich zu einer Einwegpalette aus Wellpappe volkswirtschaftlich rentabel zu sein. Eine Europalette aus Holz hingegen benötigt im Vergleich nur 4 Umläufe.

Aufgrund des Verhältnisses von 1:2 zwischen Wellpappe- und Holz-Einweg kann weiterhin geschlossen werden:
Wiederum *ausschließlich auf den Bereich der Entsorgung* bezogen, muss eine Kunststoffpalette mindestens 11 Mal eingesetzt werden, bevor sie entsorgt wird, um im Vergleich zu einer Einwegpalette aus Holz volkswirtschaftlich rentabel zu sein. Eine Europalette aus Holz benötigt im Vergleich sogar nur 2 Umläufe.

Insgesamt bilden die vorstehenden Erkenntnisse den Rahmen und den Leitfaden zur volkswirtschaftlichen Interpretation der betriebswirtschaftlichen Modellrechnungen. Auch wenn auf dieser Grundlage eher keine exakten Aussagen zur absoluten Höhe der volkswirtschaftlichen Kosten einer Alternative möglich sein werden, kann aber zumindest die gesellschaftliche Vorteilhaftigkeit im Vergleich der Alternativen beurteilt werden und es kann eine Reihung der Alternativen erstellt werden.

13 Beschreibung des Rechenmodells der internen Prozesskosten

13.1 Allgemeines

Das Rechenmodell der internen Prozesskosten des Palettenhandlings basiert auf den vorab dargestellten betrieblichen Prozessen. Den Prozessaktivitäten wurden die entsprechenden Prozesszeiten zugeordnet und mit den jeweiligen Stundensätzen der vier verschiedenen Mitarbeiterkategorien:
- Staplerfahrer/produktives Personal
- Sachbearbeiterin
- LKW-Fahrer
- Abteilungsleiter, Maschinenführer, Schichtleiter, Einkaufsleiter, Verkäufer

multipliziert.

Die Berechnungen der Transportkosten werden in einem eigenen Tabellenblatt dargestellt und mit den Prozesskosten verknüpft. Somit gehen aus dem Rechenmodell die Gesamtkosten des Palettenhandlings hervor.

Die Excel-Arbeitsmappe des Rechenmodells besteht aus drei untereinander verknüpften Tabellenblättern, die in den folgenden Abschnitten beschrieben werden.

13.2 Tabellenblatt Prozesskosten

In diesem Tabellenblatt (obere Hälfte) erfolgt die Darstellung der Prozesse in Tabellenform entsprechend den tatsächlichen Abläufen.

Die Folgenden Beschreibungen entsprechen den Tabellenspalten von links nach rechts
- Name des Prozesses

  Hier werden alle internen Prozesse, die in den vorangehenden Prozessbeschreibungen dargestellt sind, berücksichtigt.

- Einzelaktivitäten des Prozesses

  Die Einzelaktivitäten entsprechen den Prozessaktivitäten in den vorangehenden Prozessdarstellungen und werden in den folgenden Spalten, sofern es im Detail erhoben werden konnte, mit Zeiten und unter Berücksichtigung der Personalkategorie mit Kosten hinterlegt.

	Prozesskosten des Palettenhandlings	Personalkategorie	Arbeitszeit [min/Tag]	Arbeitszeit [min/Palette]	Arbeitsanteil am Tag [%]	Personalkosten [€/Tag]	Anteilsverhältnis [%]	Kosten der Europalette [€/Tag]	Kosten der Einwegpalette	Kosten der Kunststoff-Mehrwegpalette
Bedarfsermittlung	Bedarfsermittlung (Packvorschrift)	Abt.Leiter	20,00	0,0367	4,17%	€ 9,47	100%	€ 9,47	€ 9,47	€ 9,47
	Bestandsermittlung	Abt.Leiter	30,00	0,0550	6,25%	€ 14,20	100%	€ 14,20	€ 14,20	€ 14,20
	Auftrag an Staplerfahrer	Abt.Leiter	10,00	0,0183	2,08%	€ 4,73	50%	€ 2,37	€ 2,37	€ 2,37
	Bedarfsmeldung absetzen	Abt.Leiter	10,00	0,0183	2,08%	€ 4,73	50%	€ 2,37	€ 2,37	€ 2,37
Versorgung Europalette	Palettensuche/Meldung an Abt.Leiter	Masch.führerIn	16,00	0,0294	3,33%	€ 7,58	30%	€ 2,27		
	Palettensuche/Klärung	Masch.führerIn	24,00	0,0440	5,00%	€ 11,36	30%	€ 3,41		
	Euro Neu/ neuwertig aussortieren	Prod.Personal	9,00	0,0165	1,88%	€ 2,64	21%	€ 0,55		
	Bedarfsmeldung absetzen	Masch.führerIn	6,00	0,0110	1,25%	€ 2,84	30%	€ 0,85		
	unbrauchbare Paletten an Maschine aussortieren	Prod.Personal	100,00	0,1835	20,83%	€ 29,36	49%	€ 14,38		
	unbrauchbare Paletten zur Reparatur/ Entsorgung	Staplerfahrer	240,00	0,4404	50,00%	€ 70,45	100%	€ 70,45		
Versorgung Kunststoffpalette	Palettensuche/Meldung an Abt.Leiter	Masch.führerIn	16,00	0,0294	3,33%	€ 7,58	30%			€ 2,27
	Palettensuche/Klärung	Masch.führerIn	24,00	0,0440	5,00%	€ 11,36	30%			€ 3,41
	Bedarfsmeldung absetzen	Masch.führerIn	6,00	0,0110	1,25%	€ 2,84	30%			€ 0,85
	unbrauchbare Paletten an Maschine aussortieren	Prod.Personal	100,00	0,1835	20,83%	€ 29,36	70%			€ 20,55
	unbrauchbare Paletten zur Entsorgung	Staplerfahrer	160,00	0,2936	33,33%	€ 46,97	100%			€ 46,97
Versorgung Einwegpaletten	Palettensuche/Meldung an Abt.Leiter	Masch.führerIn	16,00	0,0294	3,33%	€ 7,58	30%		€ 2,27	
	Palettensuche/Klärung	Masch.führerIn	24,00	0,0440	5,00%	€ 11,36	30%		€ 3,41	
	Bedarfsmeldung absetzen	Masch.führerIn	6,00	0,0110	1,25%	€ 2,84	30%		€ 0,85	
	Paletten-Bereitstellung an Maschine	Staplerfahrer	120,00	0,2202	25,00%	€ 35,23	100%		€ 35,23	
Palettenverwaltung	Paletten-Ausgang vom Verladeprotokoll	SachbarbeiterIn	480,00	0,8807	100,00%	€ 164,55	100%	€ 164,55		€ 164,55
	Palettenanzahl für Lieferschein(EDV) Bestandsführung[-]									
	Erfassung pro Kunde									
	Paletten-Eingang von den Gegenscheinen									
	Erfassung pro Kunde									
	Bestandsführung [+]									
	Außenstands-Verfolgung									
	Paletten-Außenstand an Kunden									
	Information an Verkauf									
Palettentausch	Anzahl Paletten auf Verladeprotokoll	LKW-Fahrer	200,00	0,3670	41,67%	€ 79,55	100%	€ 79,55		€ 79,55
	Palettentausch beim Kunden									
	Entladung und Bereitstellung (ohne Sortierung)	Staplerfahrer	60,00	0,1101	12,50%	€ 17,61	100%	€ 17,61		€ 17,61
Beschaffung/ Reparatur/ Ersatzbeschaffung	Bestellung Palettenreparatur	SachbarbeiterIn	9,00	0,0165	1,88%	€ 3,09	50%	€ 1,54		
	Kontrolle und Buchung der Reparaturen									
	Betreuung der SGS-Prüfung	EinkaufsleiterIn	2,00	0,0037	0,42%	€ 0,95	50%	€ 0,47		
	Bearbeitung der SGS-Beanstandungen									
	Administration Palettentausch (EURO)	SachbarbeiterIn	9,00	0,0165	1,88%	€ 3,09	50%	€ 1,54		
	Kontrolle und Buchung des Tausches (EURO)									
	Palettenbeschaffung Ersatz	EinkaufsleiterIn	2,00	0,0037	0,42%	€ 0,95	100%	€ 0,95		€ 0,95
	Adminsitration der Entsorgung	EinkaufsleiterIn	1,00	0,0018	0,21%	€ 0,47	100%	€ 0,47		€ 0,47
	Beschaffung Einwegpaletten	SachbarbeiterIn	40,00	0,0734	8,33%	€ 13,71	100%		€ 13,71	
	Lieferantenentwicklung Einwegpaletten	EinkaufsleiterIn	12,00	0,0220	2,50%	€ 5,68	100%		€ 5,68	
Behandlung Aussenstände	Bearbeitung der Außenstände (Warenempfänger)	SachbarbeiterIn	6,00	0,0110	1,25%	€ 2,06	100%	€ 2,06		€ 2,06
	Information der VerkäuferInnen	SachbarbeiterIn	6,00	0,0110	1,25%	€ 2,06	100%	€ 2,06		€ 2,06
	Problem-behandlung intern/extern	SachbarbeiterIn	30,00	0,0550	6,25%	€ 10,28	100%	€ 10,28		€ 10,28
	Problembehandlung beim Kunden	VerkäuferIn	30,00	0,0550	6,25%	€ 14,20	100%	€ 14,20		€ 14,20
	Fakturierung der Außenstände	SachbarbeiterIn	1,00	0,0018	0,21%	€ 0,34	100%	€ 0,34		€ 0,34
Summen								€ 415,97	€ 89,56	€ 394,53

Abbildung 55: Berechnungsschema (Tabellenblatt Prozesskosten – obere Hälfte)

- Personalkategorie
  Die unterschiedlichen Personalkategorien ermöglichen die Berücksichtigung unterschiedlicher Stunden/Tagessätze für die Berechnung der Prozesskosten.

- Prozesszeit [min/Tag]
  Diese Werte stammen aus den Prozesslandschaften für Euro-, Einweg- und Kunststoff-Mehrwegpaletten und wurden im Rahmen der Prozessanalysen ermittelt. Sie geben an, wie viele Minuten pro Tag für die jeweilige Prozessaktivität aufgewendet werden.

- Prozesszeit gewichtet [min/Tag]
  Diese Werte sind die Werte Prozesszeit multipliziert mit dem Verhältniswert, um bei möglichen Alternativen den jeweiligen Anteil zu berücksichtigen.

- Prozesszeit [min/Palette]
  Dieser Wert ist ein Quotient aus den Tagessummen der gewichteten Prozesszeiten der Einzelaktivitäten dividiert durch die Anzahl der täglich ausgelieferten Paletten.

- Prozesskosten [€/Tag]
  Die täglichen Prozesskosten für die einzelnen Prozessschritte errechnen sich aus den Kostensätzen multipliziert mit den nicht gewichteten Prozesszeiten. Diese Prozesskostenspalte dient lediglich als Basis für die Berechnung der gewichteten Prozesskosten für die drei Alternativen Europalette, Einwegpalette und Kunststoff-Mehrwegpalette.

- Anteilsverhältnis [%]
  Dieses Anteilsverhältnis ist gültig, wenn es in den Prozessen zu Verzweigungen im Zuge von verschiedenen alternativen Möglichkeiten gibt. Die Spalte Prozesszeit wird mit diesem Verhältnis multipliziert um auf die tatsächlichen Prozesszeiten zu kommen.

In den letzten drei Spalten werden die errechneten Prozesskosten der drei Alternativen Europalette, Einwegpalette und Kunststoff-Mehrwegpalette ermittelt. Hier erfolgt die monetäre Bewertung der Prozesse. Entsprechend den Prozessdarstellungen, den Einzelaktivitäten und der Zugehörigkeit der jeweiligen Einzelaktivität zur jeweiligen Palettenkategorie.

- Kosten der Europalette [€/Tag]
- Kosten der Einwegpalette [€/Tag]
- Kosten der Kunststoff-Mehrwegpalette [€/Tag]

Die untere Hälfte des Tabellenblatts enthält 6 Auswertungsfelder (für jede der drei betrachteten Palettenkategorien eine Ergebnisdarstellung der internen Kosten ohne Transport und eine Darstellung der Kosten einschließlich Transport für jeweils 100, 200, 300, 400 und 500 km Transportstrecke).

In der ersten Zeile des Auswertungsfeldes für die internen Kosten ist die Gesamtarbeitszeit für das Palettenhandling und die Palettenadministration in Minuten pro Tag angegeben. Daraus lässt sich auch leicht das benötigte Personal ausrechnen.

Die zweite Zeile enthält die Kapitalkosten für die Paletten auf der Basis von 6% Kapitalkosten. Die Berechnungen erfolgen über eine Verknüpfung zum Tabellenblatt Variable, in dem die Parameter bei Bedarf geändert werden können.

AUSWERTUNG Europalette	Gesamtarbeitszeit [min/Tag]	1.191
	Kapitalkosten 6%	€ 70,12
	Peronalgesamtkosten	€ 415,97
	Gesamtkosten Prozessablauf Europalette	€ 486,08
	Anschaffungskosten Europalette	€ 749,33
	Gesamtkosten Europalette [€/Tag]	€ 1.235,41
	Gesamtkosten Je Europaletteneinsatz	€ 2,27

AUSWERTUNG Einwegpalette	Gesamtarbeitszeit [min/Tag]	246
	Kapitalkosten Einwegpalette	
	Gesamtkosten Prozessablauf Einwegpalette	€ 89,56
	Anschaffungskosten Einwegpalette	€ 2.452,50
	Gesamtkosten Einwegpalette [€/Tag]	€ 2.542,06
	Gesamtkosten je Einwegpaletteneinsatz	€ 4,66

AUSWERTUNG Kunststoff-Mehrwegpalette	Gesamtarbeitszeit [min/Tag]	1.120
	Kapitalkosten Kunststoff-Mehrwegpalette	€ 512,73
	Gesamtkosten Prozessablauf Kunststoff-Mehrwegpalette	€ 394,53
	Anschaffungskosten Kunststoff-Mehrwegpalette	€ 5.440,00
	Gesamtkosten Kunststoff-Mehrwegpalette [€/Tag]	€ 5.834,53
	Gesamtkosten je Kunststoff-Mehrwegpaletteneinsatz	€ 10,71

AUSWERTUNG Europalette inkl. Transport	Gesamtkosten je Europalette für 100 km Transport	€ 2,59
	Gesamtkosten je Europalette für 200 km Transport	€ 2,68
	Gesamtkosten je Europalette für 300 km Transport	€ 2,84
	Gesamtkosten je Europalette für 400 km Transport	€ 2,88
	Gesamtkosten je Europalette für 500 km Transport	€ 3,12

AUSWERTUNG Kunststoff-Mehrwegpalette	Gesamtkosten je Europalette für 100 km Transport	€ 10,91
	Gesamtkosten je Europalette für 200 km Transport	€ 10,96
	Gesamtkosten je Europalette für 300 km Transport	€ 11,07
	Gesamtkosten je Europalette für 400 km Transport	€ 11,10
	Gesamtkosten je Europalette für 500 km Transport	€ 11,26

AUSWERTUNG Einwegpalette inkl. Transport	Gesamtkosten je Europalette für 100 km Transport	€ 4,71
	Gesamtkosten je Europalette für 200 km Transport	€ 4,72
	Gesamtkosten je Europalette für 300 km Transport	€ 4,75
	Gesamtkosten je Europalette für 400 km Transport	€ 4,76
	Gesamtkosten je Europalette für 500 km Transport	€ 4,81

Abbildung 56: Berechnungsschema (Tabellenblatt Prozesskosten – untere Hälfte)

Die dritte Zeile ist die Summenzeile für die Personalgesamtkosten in Euro/Tag. Dieser Wert ergibt sich aus der Summe der Prozesszeiten für die jeweilige Kategorie multipliziert mit dem jeweiligen Personalkostensatz aus dem Tabellenblatt Variable.

Die täglichen Kosten für Palettenanschaffungen sind in der vierten Zeile angegeben und errechnen sich aus dem täglichen Ausstoß an Paletten (Tabellenblatt Variable) und der Anzahl der Palettenumläufe.

In den Summenfeldern werden die internen Gesamtkosten für die jeweilige Palettenkategorie in Euro pro Tag und in der nächsten Zeile das Ergebnis der Berechnung der Kosten eines Palettenumlaufs angezeigt.

Die Variablen, die zur Berechnung herangezogen wurden, sind im Tabellenblatt Variable enthalten und werden im Folgenden erläutert.

13.3 Tabellenblatt Variable

Die Variablen stellen die Grundlagen für die im Tabellenblatt Prozesskosten errechneten Werte dar.

Zunächst werden die Personalkosten inkl. Lohnnebenkosten für die vier prozessrelevanten Personalgruppen angegeben und mit der Annahme, dass pro Mitarbeiter 220 produktive Arbeitstage geleistet werden, ein Tagessatz für die Personalkosten errechnet (Spalte Lohn/Tag). Diese Sätze werden zur Berechnung der Prozesskosten herangezogen (Verknüpfung aus der Tabelle Prozesskosten).

Das nächste Feld berechnet den Palettenpreis für Europaletten aus dem Anteilsmix aus Neupaletten und neuwertigen Paletten mit den jeweiligen Kostensätzen. Das Ergebnis ist ein Mischsatz (Durchschnitt je Palette), der zur Berechnung der Beschaffungskosten herangezogen wird.

Darunter ist ein Eingabefeld um den Kaufpreis für eine Einwegpalette einzugeben (in dieser Darstellung wären das € 4,50).

Das nächste Tabellenfeld hat den Titel „Palettenzukäufe" und gibt basierend auf den Erhebungen der Feldstudie folgende Werte an:
- Beschaffte Europaletten pro Tag
- Beschaffte Kunststoffpaletten pro Tag
- Neue Einwegpaletten pro Tag
- Palettenausstoß/Tag

Beschreibung des Rechenmodells der internen Prozesskosten

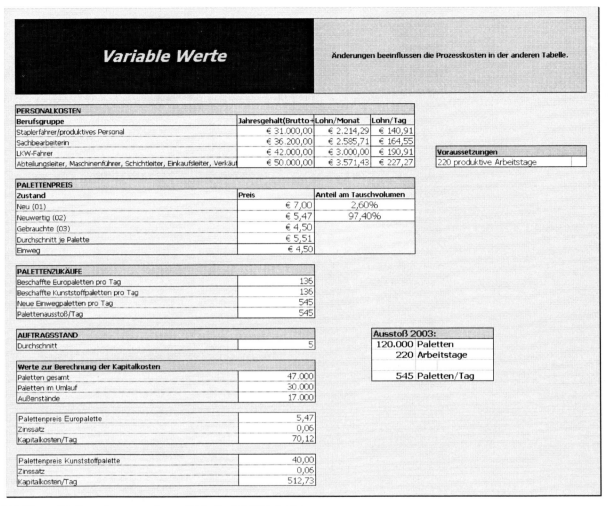

Abbildung 57: Berechnungsschema (Tabellenblatt Variable)

Der Wert *Palettenausstoß pro Tag* ist der in der Feldstudie ermittelte Wert an ausgehenden Paletten. Der Wert *Beschaffte Europaletten pro Tag* wurde in den Feldstudien mit 136 ermittelt was im Verhältnis zum Palettenausstoß die Schlussfolgerung zulässt, dass Europaletten im Schnitt vier Umläufe schaffen. Dieses Verhältnis deckt sich auch mit Erfahrungen der Autoren aus anderen Projekten und geht als solches in das Rechenmodell ein.

Die letzten drei Tabellenfelder dienen der Ermittlung der Kapitalkosten je Palette und wurden ebenfalls aus den Daten der Feldstudie hergeleitet. Der Wert
- Paletten gesamt

Errechnet sich aus der Summe der Werte
- Paletten im Umlauf
- Außenstände

Aus diesen Absolutzahlen und Verhältnissen errechnen sich die Kapitalkosten für Europaletten und Kunststoff-Mehrwegpaletten in Abhängigkeit vom Anschaffungswert und vom Zinssatz (wurde für das Rechenmodell mit 6% angenommen).

Die Felder Kapitalkosten/Tag sind wiederum mit dem Tabellenblatt Prozesskosten verknüpft, um sie wieder auf den Palettenumlauf umrechnen zu können.

Somit wurde mit Hilfe der Feldstudie und der zugehörigen Prozessanalyse ein allgemein gültiges Rechenmodell geschaffen.

13.4 Tabellenblatt Transport

In diesem Tabellenblatt sind Transportkostentabellen für Hinfahrt und Rückfracht von Europaletten, Kunststoff-Mehrwegpaletten, die Hinfracht von Wellpappe-Einwegpaletten und eine road-pricing-Tabelle enthalten. Diese Tabellen geben die jeweiligen Kosten je Palette in Abhängigkeit von der Distanz (unterschieden nach Motorwagen/Zug) an und sind mit der Prozesskostentabelle verknüpft.

Hinfahrt EURO - Palette

Distanz in km	pro Pal MW	pro Pal Zug
0-70	0,18	0,12
71-150	0,23	0,19
151-250	0,31	0,24
251-350	0,37	0,32
351-420	0,45	0,34
421-480	0,49	0,41
481-550	0,58	0,45
551-662	0,68	0,57

Distanz in km	road pricing in €
0-70	0,01
71-150	0,02
151-250	0,03
251-350	0,05
351-420	0,06
421-480	0,07
481-550	0,09
551-662	0,1

Rückfracht Kunststoff - Palette

Distanz in km	pro Pal MW	pro Pal Zug
0-70	0,05	0,03
71-150	0,06	0,05
151-250	0,08	0,06
251-350	0,10	0,09
351-420	0,12	0,09
421-480	0,13	0,11
481-550	0,16	0,12
551-662	0,18	0,15

Hinfahrt Kunststoff - Palette

Distanz in km	pro Pal MW	pro Pal Zug
0-70	0,10	0,07
71-150	0,13	0,11
151-250	0,17	0,13
251-350	0,21	0,18
351-420	0,25	0,19
421-480	0,27	0,23
481-550	0,32	0,25
551-662	0,38	0,32

Rückfracht EURO - Palette

Distanz in km	pro Pal MW	pro Pal Zug
0-70	0,08	0,06
71-150	0,11	0,09
151-250	0,15	0,11
251-350	0,18	0,15
351-420	0,22	0,16
421-480	0,23	0,20
481-550	0,28	0,22
551-662	0,33	0,27

Hinfracht Wellpappe - Einwegpalette

Distanz in km	pro Pal MW	pro Pal Zug
0-70	0,021	0,015
71-150	0,027	0,023
151-250	0,037	0,029
251-350	0,045	0,038
351-420	0,054	0,040
421-480	0,058	0,049
481-550	0,069	0,055
551-662	0,082	0,068

Abbildung 58: Berechnungsschema (Tabellenblatt Transport)

14 Herleitung der Formel zu Ermittlung der Palettentransportkosten

Zum Vergleich unterschiedlicher Palettentypen und -materialien im Transport ist die Ermittlung der vom Transporthilfsmittel selbst induzierten Transportkosten notwendig. Maßgebliches Differenzierungsmerkmal ist dabei das Eigengewicht der Paletten. Ggf. verringerter Platzbedarf bei der Rückführung der Paletten aufgrund nestbarer Palettenfüße z.B. bei bestimmten Kunststoffpaletten wird vernachlässigt (da diese besondere Stapelbarkeit nur zu Lasten anderer wichtiger logistischer Eigenschaften – z.B. die Rollbandfähigkeit – hergestellt werden kann bzw. abnehmbare Kufen zusätzlichen Handlingbedarf erfordern).

Es werden die von einer Palette an sich induzierten Kosten auf einem Transport zwischen zwei Orten A und B (k_{palAB}) als Anteil an den gesamten Transportkosten einer Palettenladung (k_{ladAB}) wie folgt bestimmt:

$$k_{palAB} = {}^{3}/_{5} \cdot k_{ladAB} \cdot H_{in} + {}^{2}/_{5} \cdot k_{ladAB} \cdot R_{ück}$$

Der Anteil an den gesamten Kosten ergibt sich dabei aus den Faktoren H_{in} und $R_{ück}$ mit folgender Spezifikation:
1. H_{in} für die Hinführung (Transport der Ladung) bestimmt sich aus dem Eigengewicht einer Palette multipliziert mit der Anzahl der verfügbaren Palettenplätze eines Lkw im Verhältnis zum <u>durchschnittlich transportierten Ladungsgewicht</u>
2. $R_{ück}$ für die Rückführung bestimmt sich aus dem Eigengewicht einer Palette multipliziert mit der Anzahl der verfügbaren Palettenplätze eines Lkw im Verhältnis zur <u>zulässigen Zuladung</u>

Für einen Sattelschleppzug wird dabei von 36 Palettenstellplätzen und 25 t zulässiger Zuladung ausgegangen sowie einer durchschnittlichen Speditionslast im österreichischen Sammelverkehr von 18 t pro Sattelzug. Die Variable für das Gewicht der Palette sei g_{pal}.

Es ergibt sich:
$H_{in} = (g_{pal} \cdot 36) / 18.000 \ kg$
mit gekürzten Gewichtseinheiten dann weiter:
$H_{in} = g_{pal} \cdot 0,002$

und

$R_{ück} = (g_{pal} \cdot 36) / 25.000 \ kg$
mit gekürzten Gewichtseinheiten dann weiter:
$R_{ück} = g_{pal} \cdot 0,00144$

insgesamt also:
$$k_{palAB} = {}^{3}/_{5} \cdot k_{ladAB} \cdot g_{pal} \cdot 0,002 + {}^{2}/_{5} \cdot k_{ladAB} \cdot g_{pal} \cdot 0,00144$$

Die Ermittlung der von der Palette verursachten Kosten aus $^3/_5$ der Kosten der Palettenladung für die Hinführung und $^2/_5$ der Kosten für die Rückführung ergibt sich aus der Kalkulationssystematik der Speditionen, bei der üblicherweise für eine Rückfracht geringere Tarife erhoben werden. Aus der Erfahrung des Projektkonsortiums sowie aufgrund informeller Rückfragen bei Spediteuren werden ca. $^2/_3$ der vergleichbaren Kosten einer Hinfracht kalkuliert. Daraus ergibt sich ein Kostenverhältnis zwischen Hin- und Rückführung von:

$$1 : {}^2/_3$$

um den Faktor 3 erweitert:

$$3 : 2$$

zur Aufteilung eines Ganzen also:

$${}^3/_5 : {}^2/_5$$

Zur weiteren Detaillierung der Kostenformel muss das Gewicht je Palettenart durchschnittlich bestimmt werden.

14.1 Paletten-Transportkosten der Europalette

Gewicht der Europalette aus Holz, Datengrundlage:

Quelle	Quellentyp	Angaben
Hellmann Worldwide Logistics[103]	Spedition	ca. 25 kg
Bischofgruppe[104]	Spedition	ca. 25 kg
BLG[105]	Spedition	ca. 25 kg
CCI Fördertechnik GmbH[106]	Palettenfördertechnik	22 bis 40 kg
HPZ[107]	Holzpaletten-Hersteller	30 kg
Paletten Börse[108]	Holzpaletten-Hersteller	20 kg
SinoPlasan AG[109]	Kunststoffpaletten-Hersteller	20 bis 30 kg
Reichel, Michael[110]	Fachkraft für Lagerwirtschaft	30 kg
eigene Messungen		20 bis 25 kg

Aufgrund der vorgenannten, recherchierten Gewichte wird im Folgenden von einem durchschnittlichen Gewicht der Europalette aus Holz von **25 kg** ausgegangen.

---

[103] vgl. Hellmann Worldwide Logistics: Wissenswerte, online. http://www.hellmann.net/de/glossary/wissenswertes. Gelesen 18.08.2004
[104] vgl. Bischoff Gruppe: Verpackungen, online. http://spedition-bischoff.de/Bischoff_Gruppe/70_Lexikon/Verpackungen/. Gelesen 18.08.2004
[105] vgl. BLG: FAQ, online. http://www.blg.ch/D/FAQ.htm.Gelesen 18.08.04
[106] vgl. CCI Fördertechnik GmbH: Palettenmagazin, online. http://www.cad-company.com/Palettenstapler.htm. Gelesen 23.08.04
[107] vgl. Haag Palettenzentrum: EUR-Flachpaletten, online. http://www.hpz.de/. Gelesen 23.08.04
[108] vgl. Paletten Börse: Holzpaletten, online. http://www.palettenboerse.de/holzpaletten.php. Gelesen 23.08.04
[109] persönliches Gespräch am 11.03.2004 auf der LogiMat 2004, Messe Stuttgart
[110] vgl. Reichel, Michael: Die Euro-Paletten, online. http://www.fachkraft-fuer-lagerwirtschaft.de/europalette.html. Gelesen 23.08.04

Die Paletten-Transportkosten der Europalette bestimmen sich demnach wie folgt:

$$k_{palAB}^{Europalette} = {}^3/_5 \cdot k_{ladAB} \cdot 25 \cdot 0{,}002 + {}^2/_5 \cdot k_{ladAB} \cdot 25 \cdot 0{,}00144$$

also:

$$k_{palAB}^{Europalette} = {}^3/_5 \cdot k_{ladAB} \cdot 0{,}05 + {}^2/_5 \cdot k_{ladAB} \cdot 0{,}036$$

oder gerundet:

$$k_{palAB}^{Europalette} = k_{ladAB} \cdot 0{,}03 + k_{ladAB} \cdot 0{,}014$$

zusammengefasst:

$$k_{palAB}^{Europalette} = k_{ladAB} \cdot (0{,}03 + 0{,}014)$$
$$k_{palAB}^{Europalette} = k_{ladAB} \cdot 0{,}044$$
$$\boldsymbol{k_{palAB}^{Europalette} = 4{,}4\ \% \cdot k_{ladAB}}$$

Unter der Annahme eines durchschnittlichen Gewichtes der Europalette von 25 kg werden 4,4 % der Transportkosten einer Palettenladung durch die Europalette selbst verursacht.

Bei bekannten Kosten einer Palettenladung von A nach B inklusive Rückführung der Leerpalette kann somit der vom Transporthilfsmittel induzierte Kostenanteil absolut und eindeutig bestimmt werden.

In Abhängigkeit vom Gewicht der Europalette in einer Spanne von 20 bis 30 kg entwickelt sich der Kostenanteil wie folgt:

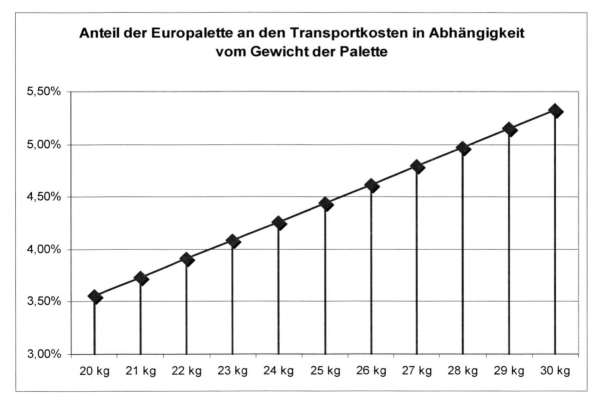

Abbildung 59: Anteil der Europalette an den Transportkosten in Abhängigkeit vom Gewicht der Palette

14.2 Paletten-Transportkosten von Kunststoff-Mehrwegpaletten

In der großen Bandbreite am Markt erhältlicher Kunststoffpaletten differiert das Eigengewicht für Vierwege-Paletten im 1200x800mm-Format in einer Spanne von 7 bis 20 kg. Die im Rahmen der Fallstudie zur Demonstration verwendete Palette Arca.Systems2714.510 weist ein Eigengewicht von 13,9 kg auf.

Zur Bestimmung des Transportkostenanteils einer Kunststoff-Mehrwegpalette wird im folgenden von einem durchschnittlichen Eigengewicht der Paletten von 14 kg ausgegangen.
Der Anteilsfaktor der von der Palette verursachten Kosten an den Gesamtkosten einer Palettenladung ermittelt sich dementsprechend wie folgt:

$$k_{palAB}^{Kunststoffpalette} = {}^3/_5 \cdot k_{ladAB} \cdot g_{pal} \cdot 0{,}002 + {}^2/_5 \cdot k_{ladAB} \cdot g_{pal} \cdot 0{,}00144$$
$$k_{palAB}^{Kunststoffpalette} = {}^3/_5 \cdot k_{ladAB} \cdot 14 \cdot 0{,}002 + {}^2/_5 \cdot k_{ladAB} \cdot 14 \cdot 0{,}00144$$
$$k_{palAB}^{Kunststoffpalette} = {}^3/_5 \cdot k_{ladAB} \cdot 0{,}028 + {}^2/_5 \cdot k_{ladAB} \cdot 0{,}02016$$

oder gerundet:
$$k_{palAB}^{Kunststoffpalette} = k_{ladAB} \cdot 0{,}0168 + k_{ladAB} \cdot 0{,}0081$$

zusammengefasst:
$$k_{palAB}^{Kunststoffpalette} = k_{ladAB} \cdot (0{,}0168 + 0{,}0081)$$
$$k_{palAB}^{Kunststoffpalette} = k_{ladAB} \cdot 0{,}025$$
$$\mathbf{k_{palAB}^{Kunststoffpalette} = 2{,}5\ \%\ \cdot k_{ladAB}}$$

Unter der Annahme eines durchschnittlichen Gewichtes der Kunststoff-Mehrwegpalette von 14 kg werden 2,5 % der Transportkosten einer Palettenladung durch die Palette selbst verursacht.

Durchschnittlich müssen im Vergleich zur Europalette pro Sattelzug knapp 400 kg weniger transportiert werden (bei 25 t sind das 1,6 % der zulässigen Zuladung).

14.3 Paletten-Transportkosten von Holz-Einwegpaletten

Abhängig von der benötigten Traglast sind Einwegpaletten aus Holz – sogenannte Verlustpaletten – mit einem Eigengewicht ca. im Bereich von 8 bis 16 kg erhältlich[111]. Aufgrund von Feuchtigkeit ist Gewichtszunahme möglich. Als vorsichtige Schätzung wird daher von einem durchschnittlichen Gewicht von 14 kg ausgegangen.

Als Einwegpalette muss aus betriebswirtschaftlicher Sicht des Verladers die Rückführung der Palette nicht berücksichtigt werden bzw. kann das Rückführungsgewicht des Transporthilfsmittels auf null gesetzt werden.

$$k_{palAB}^{Verlustpalette} = {}^3/_5 \cdot k_{ladAB} \cdot g_{pal} \cdot 0{,}002 + {}^2/_5 \cdot k_{ladAB} \cdot g_{pal} \cdot 0{,}00144$$
$$k_{palAB}^{Verlustpalette} = {}^3/_5 \cdot k_{ladAB} \cdot 14 \cdot 0{,}002 + {}^2/_5 \cdot k_{ladAB} \cdot 0 \cdot 0{,}00144$$

---

[111] vgl. Paletten Börse: Holzpaletten, online. http://www.palettenboerse.de/holzpaletten.php. Gelesen 23.08.04

oder gerundet:
$$k_{palAB}^{Verlustpalette} = {}^3/_5 \cdot k_{ladAB} \cdot 0{,}028$$

$$k_{palAB}^{Verlustpalette} = k_{ladAB} \cdot 0{,}0168$$
$$\boldsymbol{k_{palAB}^{Verlustpalette} = 1{,}7\ \% \cdot k_{ladAB}}$$

Unter der Annahme eines durchschnittlichen Gewichtes der Verlustpalette von 14 kg werden 1,7 % der Transportkosten einer Palettenladung durch die Palette selbst verursacht.

Durchschnittlich müssen im Vergleich zur Europalette pro Sattelzug knapp 400 kg weniger transportiert werden (bei 25 t sind das 1,6 % der zulässigen Zuladung).

14.4 Paletten-Transportkosten von Karton-Einwegpaletten

Die für die Demonstration verwendete Karton-Einwegpalette aus Wellpappe der Karl Pawel Verpackungsunternehmen GmbH, Wien, weist ein Eigenwicht von 3 kg auf.

Als Einwegpalette muss aus betriebswirtschaftlicher Sicht des Verladers die Rückführung der Palette nicht berücksichtigt werden bzw. kann das Rückführungsgewicht des Transporthilfsmittels auf null gesetzt werden.

Es ergibt sich daher folgender Funktionsansatz:
$$k_{palAB}^{Kartonpalette} = {}^3/_5 \cdot k_{ladAB} \cdot g_{pal} \cdot 0{,}002 + {}^2/_5 \cdot k_{ladAB} \cdot g_{pal} \cdot 0{,}00144$$
$$k_{palAB}^{Kartonpalette} = {}^3/_5 \cdot k_{ladAB} \cdot 3 \cdot 0{,}002 + {}^2/_5 \cdot k_{ladAB} \cdot 0 \cdot 0{,}00144$$
$$k_{palAB}^{Kartonpalette} = {}^3/_5 \cdot k_{ladAB} \cdot 0{,}006$$

oder gerundet:
$$k_{palAB}^{Kartonpalette} = k_{ladAB} \cdot 0{,}0036$$
$$\boldsymbol{k_{palAB}^{Kartonpalette} = 0{,}36\ \% \cdot k_{ladAB}}$$

Für die Einwegpalette aus Wellpappe werden nur 0,36 % der Transportkosten einer Palettenladung durch die Palette an sich verursacht.

Durchschnittlich müssen im Vergleich zur Europalette pro Sattelzug fast 800 kg weniger transportiert werden (bei 25 t sind das 3,2 % der zulässigen Zuladung).

15 Transportkosten mit Distanzmatrix

Die Transportkosten wurden mit mehreren Transportplanungsprogrammen und Algorithmen berechnet und insgesamt nach Distanzen dargestellt. Es handelt sich hierbei um eine äußerst komplizierte Rechnung, die verschiedene Faktoren der österreichischen Transportwirtschaft inkl. dem road pricing beinhaltet.

Die Transportkosten werden getrennt nach Hinfahrt und Rückfahrt angegeben und gelten auf Distanzen in Österreich. Diese Berechnung stellt eine detaillierte Betrachtung dar und bildet auch die Ausgangslage für die nachfolgende Rechensimulation. Es sind nur die Ergebnisse dargestellt.

15.1 Paletten-Transportkosten der Europalette

Die Kosten beziehen sich für Hin- und Rückfahrt auf den Transport mit Motorwagen (MW) oder bei einem LKW mit Anhänger (Zug).

Hinfahrt EURO - Palette		
Distanz in km	pro Pal MW	pro Pal Zug
0-70	0,18	0,12
71-150	0,23	0,19
151-250	0,31	0,24
251-350	0,37	0,32
351-420	0,45	0,34
421-480	0,49	0,41
481-550	0,58	0,45
551-662	0,68	0,57

Tabelle 1: Transportkosten pro Europalette Hinfahrt

Rückfracht EURO - Palette		
Distanz in km	pro Pal MW	pro Pal Zug
0-70	0,08	0,06
71-150	0,11	0,09
151-250	0,15	0,11
251-350	0,18	0,15
351-420	0,22	0,16
421-480	0,23	0,20
481-550	0,28	0,22
551-662	0,33	0,27

Tabelle 2: Transportkosten pro Europalette Rückfahrt

Es kann also gesagt werden, dass bei einer Distanz von 250 km für den Transport einer Europalette Hin und Retour 0,35 € aufgewendet werden müssen, transportiert mit einem LKW mit Anhänger oder Sattelzug.

Distanz in km	road pricing in €
0-70	0,01
71-150	0,02
151-250	0,03
251-350	0,05
351-420	0,06
421-480	0,07
481-550	0,09
551-662	0,1

Tabelle 3: road pricing Kosten für eine Strecke pro Europalette bei 0,273 Cent pro gefahrenem Kilometer mit einem LKW mit mehr als 3 Achsen

Rechnet man nun die road pricing Kosten bei 250 km pro Strecke dazu, so kostet der Transport der Europalette für 250 km hin und retour 41 Cent.

15.2 Paletten-Transportkosten von Kunststoff-Mehrwegpaletten

Die Kosten beziehen sich für Hin- und Rückfahrt auf den Transport mit Motorwagen (MW) oder bei einem LKW mit Anhänger (Zug).

Hinfahrt Kunststoff - Palette		
Distanz in km	pro Pal MW	pro Pal Zug
0-70	0,10	0,07
71-150	0,13	0,11
151-250	0,17	0,13
251-350	0,21	0,18
351-420	0,25	0,19
421-480	0,27	0,23
481-550	0,32	0,25
551-662	0,38	0,32

Tabelle 4: Transportkosten pro Kunststoffpalette Hinfahrt

Rückfracht Kunststoff - Palette		
Distanz in km	pro Pal MW	pro Pal Zug
0-70	0,05	0,03
71-150	0,06	0,05
151-250	0,08	0,06
251-350	0,10	0,09
351-420	0,12	0,09
421-480	0,13	0,11
481-550	0,16	0,12
551-662	0,18	0,15

Tabelle 5: Transportkosten pro Kunststoffpalette Rückfahrt

Es kann also gesagt werden, dass bei einer Distanz von 250 km für den Transport einer Kunststoffpalette Hin und Retour 0,19 € aufgewendet werden müssen, transportiert mit einem LKW mit Anhänger oder Sattelzug.

Distanz in km	road pricing in €
0-70	0,01
71-150	0,02
151-250	0,03
251-350	0,05
351-420	0,06
421-480	0,07
481-550	0,09
551-662	0,1

Tabelle 6: road pricing Kosten für eine Strecke pro Kunststoffpalette bei 0,273 Cent pro gefahrenem Kilometer mit einem LKW mit mehr als 3 Achsen

Rechnet man nun die road pricing Kosten bei 250 km pro Distanz dazu, so kostet der Transport der Kunststoffpalette für 250 km hin und retour 25 Cent.

15.3 Paletten-Transportkosten von Holz-Einwegpaletten

Die Kosten beziehen sich für die Hinfahrt auf den Transport mit Motorwagen (MW) oder bei einem LKW mit Anhänger (Zug).

Hinfahrt Holz-Einweg - Palette		
Distanz in km	pro Pal MW	pro Pal Zug
0-70	0,10	0,07
71-150	0,13	0,11
151-250	0,17	0,13
251-350	0,21	0,18
351-420	0,25	0,19
421-480	0,27	0,23
481-550	0,32	0,25
551-662	0,38	0,32

Tabelle 7: Transportkosten pro Holz-Einwegpalette Hinfahrt

Ergebnis ist, dass bei einer Distanz von 250 km für den Transport einer Holz-Einwegpalette Hin 0,13 € aufgewendet werden müssen, transportiert mit einem LKW mit Anhänger oder Sattelzug.

Transportkosten mit Distanzmatrix

Distanz in km	road pricing in €
0-70	0,01
71-150	0,02
151-250	0,03
251-350	0,05
351-420	0,06
421-480	0,07
481-550	0,09
551-662	0,1

Tabelle 8: road pricing Kosten für eine Strecke pro Holz-Einwegpalette bei 0,273 Cent pro gefahrenem Kilometer mit einem LKW mit mehr als 3 Achsen

Rechnet man nun die road pricing Kosten bei 250 km dazu, so kostet der Transport einer Holz-Einwegpalette für 250 km 16 Cent.

15.4 Paletten-Transportkosten von Karton-Einwegpaletten

Die Kosten beziehen sich für die Hinfahrt auf den Transport mit Motorwagen (MW) oder bei einem LKW mit Anhänger (Zug).

Hinfracht Wellpappe - Einwegpalette		
Distanz in km	pro Pal MW	pro Pal Zug
0-70	0,021	0,015
71-150	0,027	0,023
151-250	0,037	0,029
251-350	0,045	0,038
351-420	0,054	0,040
421-480	0,058	0,049
481-550	0,069	0,055
551-662	0,082	0,068

Tabelle 9: Transportkosten pro Wellpappe-Einwegpalette Hinfahrt

Es kann also gesagt werden, dass bei einer Distanz von 250 km für den Transport einer Wellpappe-Einwegpalette Hin 0,029 € aufgewendet werden müssen, transportiert mit einem LKW mit Anhänger oder Sattelzug.

Distanz in km	road pricing in €
0-70	0,01
71-150	0,02
151-250	0,03
251-350	0,05
351-420	0,06
421-480	0,07
481-550	0,09
551-662	0,1

Tabelle 10: road pricing Kosten für eine Strecke pro Wellpappe Einwegpalette bei 0,273 Cent pro gefahrenem Kilometer mit einem LKW mit mehr als 3 Achsen

Rechnet man nun die road pricing Kosten bei 250 km dazu, so kostet der Transport einer Wellpappe-Einwegpalette für 250 km 0,06 Cent.

16 Simulation der Prozess- und Transportkosten

16.1 Einführung

Auf Grundlage der dargestellten Prozess- und Transportkosten-Modelle wurden die Berechnungen für das bestehende System der Europaletten, für verschiedene Umlaufalternativen einer Kunststoff-Mehrwegpalette und für den Einsatz einer Einwegpalette aus Wellpappe durchgeführt.

Es sei einleitend noch einmal darauf hingewiesen, dass sich die nachstehenden Berechnungen nicht auf speditionelle Stückgutverkehre beziehen, sondern auf den Versand eines mittelgroßen Industrieunternehmens mit einem Spediteur als Outsourcingpartner für die Transportleistungen in der Auslieferung.

16.2 Ausgangslage

Es werden Simulationen der verschiedenen Varianten der alternativen Transporthilfsmittel durchgeführt. Die Betrachtung erfolgt weiters auf Basis der zurückgelegten Kilometer inkl. road pricing. Als Output ergibt sich eine Tabelle mit Kosten pro Palettenumlauf, differenziert nach Distanzen. Die Betrachtung nach Kundengrößen und Industriezweigen musste entfallen, da es nicht möglich war, einzelne Prozessschritte auf Kunden- und Industriezweige herunter zu brechen. Es zeigt sich jedoch, dass große Kunden tendenziell eine schlechtere Tauschmoral aufweisen, dies ist aber in allen Industriezweigen gleich. Im Bereich dieser Studie war es nicht möglich, diesbezüglich klare, korrekte Aussagen zu evaluieren.

Als Quelle für den Aufbau der Distanzmatrizen diente das Postleitzahlenverzeichnis der Österreichischen Post. Die Knotenpunkte resultieren aus einer Verdichtung sämtlicher Postleitzahlen auf Postleitzahlenzweisteller. In drei Matrizen wurden die kostentreibenden Relationen Entfernung, mautpflichtige km in Österreich und mautpflichtige km in Deutschland zwischen den Hauptorten der PLZ-2steller Österreichs berechnet. Die Entfernungsberechnungen resultieren aus einer Weg-Zeit-Optimierung basierend auf einer digitalen Europakarte, welche eine 12-stufige Strukturierung der Straßen in Autobahnen, Bundes-, Land- und Stadtstraßen mit jeweils unterschiedlichen Typen hat.

16.3 Simulation Prozess- und Transportkosten Europaletten

Prozesskosten des Palettenhandlings		Personalkategorie	Prozesszeit [min/Tag]	Prozesszeit gewichtet [min/Tag]	Prozesszeit [min/Palette]	Prozesskosten [€/Tag]	Anteilsverhältnis [%]	Kosten der Europalette [€/Tag]	Kosten der Einwegpalette	Kosten der Kunststoff-Mehrwegpalette
Bedarfsermittlung	Bedarfsermittlung (Packvorschrift)	Abt.Leiter	20,00	20,00	0,0367	€ 9,47	100%	€ 9,47	€ 9,47	€ 9,47
	Bestandsermittlung	Abt.Leiter	30,00	30,00	0,0550	€ 14,20	100%	€ 14,20	€ 14,20	€ 14,20
	Auftrag an Staplerfahrer	Abt.Leiter	10,00	5,00	0,0092	€ 4,73	50%	€ 2,37	€ 2,37	€ 2,37
	Bedarfsmeldung absetzen	Abt.Leiter	10,00	5,00	0,0092	€ 4,73	50%	€ 2,37	€ 2,37	€ 2,37
Versorgung Europalette	Palettensuche/Meldung an Abt.Leiter	Masch.führerIn	16,00	4,80	0,0088	€ 7,58	30%	€ 2,27		
	Palettensuche/Klärung	Masch.führerIn	24,00	7,20	0,0132	€ 11,36	30%	€ 3,41		
	Euro Neu/ neuwertig aussortieren	Prod.Personal	9,00	1,89	0,0035	€ 2,64	21%	€ 0,55		
	Bedarfsmeldung absetzen	Masch.führerIn	6,00	1,80	0,0033	€ 2,84	30%	€ 0,85		
	unbrauchbare Paletten an Maschine aussortieren	Prod.Personal	100,00	49,00	0,0899	€ 29,36	49%	€ 14,38		
	unbrauchbare Paletten zur Reparatur/ Entsorgung	Staplerfahrer	240,00	240,00	0,4404	€ 70,45	100%	€ 70,45		
Versorgung Kunststoffpalette	Palettensuche/Meldung an Abt.Leiter	Masch.führerIn	16,00	4,80	0,0088	€ 7,58	30%			€ 2,27
	Palettensuche/Klärung	Masch.führerIn	24,00	7,20	0,0132	€ 11,36	30%			€ 3,41
	Bedarfsmeldung absetzen	Masch.führerIn	6,00	1,80	0,0033	€ 2,84	30%			€ 0,85
	unbrauchbare Paletten an Maschine aussortieren	Prod.Personal	100,00	70,00	0,1284	€ 29,36	70%			€ 20,55
	unbrauchbare Paletten zur Entsorgung	Staplerfahrer	160,00	160,00	0,2936	€ 46,97	100%			€ 46,97
Versorgung Einwegpaletten	Palettensuche/Meldung an Abt.Leiter	Masch.führerIn	16,00	4,80	0,0088	€ 7,58	30%		€ 2,27	
	Palettensuche/Klärung	Masch.führerIn	24,00	7,20	0,0132	€ 11,36	30%		€ 3,41	
	Bedarfsmeldung absetzen	Masch.führerIn	6,00	1,80	0,0033	€ 2,84	30%		€ 0,85	
	Paletten-Bereitstellung an Maschine	Staplerfahrer	120,00	120,00	0,2202	€ 35,23	100%		€ 35,23	
Palettenverwaltung	Paletten-Ausgang vom Verladeprotokoll	SachbarbeiterIn	480,00	480,00	0,8807	€ 164,55	100%	€ 164,55		€ 164,55
	Palettenanzahl für Lieferschein(EDV) Bestandsführung									
	Erfassung pro Kunde									
	Paletten-Eingang von den Gegenscheinen									
	Erfassung pro Kunde									
	Bestandsführung [+]									
	Außenstands-Verfolgung									
	Paletten-Außenstand an Kunden									
	Information an Verkauf									
Palettentausch	Anzahl Paletten auf Verladeprotokoll	LKW-Fahrer	200,00	200,00	0,3670	€ 79,55	100%	€ 79,55		€ 79,55
	Palettentausch beim Kunden									
	Entladung und Bereitstellung (ohne Sortierung)	Staplerfahrer	60,00	60,00	0,1101	€ 17,61	100%	€ 17,61		€ 17,61
Beschaffung/ Reparatur/ Ersatzbeschaffung	Bestellung Palettenreparatur	SachbarbeiterIn	9,00	4,50	0,0083	€ 3,09	50%	€ 1,54		
	Kontrolle und Buchung der Reparaturen									
	Betreuung der SGS-Prüfung	EinkaufsleiterIn	2,00	1,00	0,0018	€ 0,95	50%	€ 0,47		
	Bearbeitung der SGS-Beanstandungen									
	Administration Palettentausch (EURO)	SachbarbeiterIn	9,00	4,50	0,0083	€ 3,09	50%	€ 1,54		
	Kontrolle und Buchung des Tausches (EURO)									
	Palettenbeschaffung Ersatz	EinkaufsleiterIn	2,00	2,00	0,0037	€ 0,95	100%	€ 0,95		€ 0,95
	Adminsitration der Entsorgung	EinkaufsleiterIn	1,00	1,00	0,0018	€ 0,47	100%	€ 0,47		€ 0,47
	Beschaffung Einwegpaletten	SachbarbeiterIn	40,00	40,00	0,0734	€ 13,71	100%		€ 13,71	
	Lieferantenentwicklung Einwegpaletten	EinkaufsleiterIn	12,00	12,00	0,0220	€ 5,68	100%		€ 5,68	
Behandlung Außenstände	Bearbeitung der Außenstände (Warenempfänger)	SachbarbeiterIn	6,00	6,00	0,0110	€ 2,06	100%	€ 2,06		€ 2,06
	Information der VerkäuferInnen	SachbarbeiterIn	6,00	6,00	0,0110	€ 2,06	100%	€ 2,06		€ 2,06
	Problem-behandlung intern/extern	SachbarbeiterIn	30,00	30,00	0,0550	€ 10,28	100%	€ 10,28		€ 10,28
	Problembehandlung beim Kunden	VerkäuferIn	30,00	30,00	0,0550	€ 14,20	100%	€ 14,20		€ 14,20
	Fakturierung der Außenstände	SachbarbeiterIn	1,00	1,00	0,0018	€ 0,34	100%	€ 0,34		€ 0,34
Summen								€ 415,97	€ 89,56	€ 394,53

AUSWERTUNG Europalette		
Gesamtarbeitszeit [min/Tag]		1.191
Kapitalkosten 6%		€ 70,12
Peronalgesamtkosten		€ 415,97
Gesamtkosten Prozessablauf Europalette		€ 486,08
Anschaffungskosten Europalette		€ 749,33
Gesamtkosten Europalette [€/Tag]		€ 1.235,41
Gesamtkosten Je Europaletteneinsatz		€ 2,27

AUSWERTUNG Europalette inkl. Transport		
Gesamtkosten je Europalette für 100 km Transport		€ 2,59
Gesamtkosten je Europalette für 200 km Transport		€ 2,68
Gesamtkosten je Europalette für 300 km Transport		€ 2,84
Gesamtkosten je Europalette für 400 km Transport		€ 2,88
Gesamtkosten je Europalette für 500 km Transport		€ 3,12

Tabelle 11: Kosten-Europalettenumlauf

In der Simulation zeigt sich, dass die allein von der **Europalette** induzierten Kosten für einen Umlauf / Einsatz zwischen **2,59 € und 3,12 €** liegen, je nach Transportdistanz und unter Berücksichtigung der Rückführung der Leerpalette und des road pricing. In der Rückführung wird dabei unterstellt, dass die Palette Zug-um-Zug getauscht wird und direkt bei der Anlieferung eine Leerpalette zurückgenommen wird. Die Europalette ist im Eigentum des Verladers und wird vom Spediteur zur Produktionsstätte zurückgeführt.

Diese Kosten repräsentieren den Status Quo in der zugrunde liegenden Projekt-Fallstudie – **für eine durchschnittliche Transportdistanz innerhalb Österreich von 300 km können 2,84 € Vollkosten eines Palettenumlaufs mit Europalette als Kennzahl festgehalten werden.**

Die Kosten werden dabei zu rund 80 % durch die internen Kosten des Palettenhandling induziert. Die Kosten, die die Europalette anteilig im Transport verursacht, liegen in Anhängigkeit von den Transportentfernungen zwischen 0,32 € und 0,85 €.

Die internen Kosten des Handling der Europaletten verteilen sich in etwa auf 40 % Prozesskosten und 60 % Anschaffungskosten von Paletten. Die Prozesskosten werden dabei in erster Linie von Personalkosten bestimmt – nur etwa 15% machen dabei Kapitalkosten aus.

16.4 Simulation Prozess- und Transportkosten Kunststoffpalette

Da bei der Kunststoffpalette die Drehung im Forschungsprojekt nicht ermittelbar war, werden Drehungen zwischen 4 und 100 angenommen. Verschiedene Aussagen sprechen auch von weit längeren Lebensdauern, jedoch ist darauf Rücksicht zu nehmen, dass bei unsachgemäßer Handhabung, z.B. falscher Staplerbedienung, Kunststoffpaletten häufig derart beschädigt werden, dass sie irreparabel aus dem Verkehr genommen werden müssen.

16.4.1 Simulation Prozess- und Transportkosten mit 4 Drehungen

Prozesskosten des Palettenhandlings		Personalkategorie	Prozesszeit [min/Tag]	Prozesszeit gewichtet [min/Tag]	Prozesszeit [min/Palette]	Prozesskosten [€/Tag]	Anteilsverhältnis [%]	Kosten der Europalette [€/Tag]	Kosten der Einwegpalette	Kosten der Kunststoff-Mehrwegpalette
Bedarfsermittlung	Bedarfsermittlung (Packvorschrift)	Abt.Leiter	20,00	20,00	0,0367	€ 9,47	100%	€ 9,47	€ 9,47	€ 9,47
	Bestandsermittlung	Abt.Leiter	30,00	30,00	0,0550	€ 14,20	100%	€ 14,20	€ 14,20	€ 14,20
	Auftrag an Staplerfahrer	Abt.Leiter	10,00	5,00	0,0092	€ 4,73	50%	€ 2,37	€ 2,37	€ 2,37
	Bedarfsmeldung absetzen	Abt.Leiter	10,00	5,00	0,0092	€ 4,73	50%	€ 2,37	€ 2,37	€ 2,37
Versorgung Europalette	Palettensuche/Meldung an Abt.Leiter	Masch.führerIn	16,00	4,80	0,0088	€ 7,58	30%	€ 2,27		
	Palettensuche/Klärung	Masch.führerIn	24,00	7,20	0,0132	€ 11,36	30%	€ 3,41		
	Euro Neu/ neuwertig aussortieren	Prod.Personal	9,00	1,89	0,0035	€ 2,64	21%	€ 0,55		
	Bedarfsmeldung absetzen	Masch.führerIn	6,00	1,80	0,0033	€ 2,84	30%	€ 0,85		
	unbrauchbare Paletten an Maschine aussortieren	Prod.Personal	100,00	49,00	0,0899	€ 29,36	49%	€ 14,38		
	unbrauchbare Paletten zur Reparatur/ Entsorgung	Staplerfahrer	240,00	240,00	0,4404	€ 70,45	100%	€ 70,45		
Versorgung Kunststoffpalette	Palettensuche/Meldung an Abt.Leiter	Masch.führerIn	16,00	4,80	0,0088	€ 7,58	30%			€ 2,27
	Palettensuche/Klärung	Masch.führerIn	24,00	7,20	0,0132	€ 11,36	30%			€ 3,41
	Bedarfsmeldung absetzen	Masch.führerIn	6,00	1,80	0,0033	€ 2,84	30%			€ 0,85
	unbrauchbare Paletten an Maschine aussortieren	Prod.Personal	100,00	70,00	0,1284	€ 29,36	70%			€ 20,55
	unbrauchbare Paletten zur Entsorgung	Staplerfahrer	160,00	160,00	0,2936	€ 46,97	100%			€ 46,97
Versorgung Einwegpaletten	Palettensuche/Meldung an Abt.Leiter	Masch.führerIn	16,00	4,80	0,0088	€ 7,58	30%		€ 2,27	
	Palettensuche/Klärung	Masch.führerIn	24,00	7,20	0,0132	€ 11,36	30%		€ 3,41	
	Bedarfsmeldung absetzen	Masch.führerIn	6,00	1,80	0,0033	€ 2,84	30%		€ 0,85	
	Paletten-Bereitstellung an Maschine	Staplerfahrer	120,00	120,00	0,2202	€ 35,23	100%		€ 35,23	
Palettenverwaltung	Paletten-Ausgang vom Verladeprotokoll	SachbarbeiterIn	480,00	480,00	0,8807	€ 164,55	100%	€ 164,55		€ 164,55
	Palettenanzahl für Lieferschein(EDV) Bestandsführung									
	Erfassung pro Kunde									
	Paletten-Eingang von den Gegenscheinen									
	Erfassung pro Kunde									
	Bestandsführung [+]									
	Außenstands-Verfolgung									
	Paletten-Außenstand an Kunden									
	Information an Verkauf									
Palettentausch	Anzahl Paletten auf Verladeprotokoll	LKW-Fahrer	200,00	200,00	0,3670	€ 79,55	100%	€ 79,55		€ 79,55
	Palettentausch beim Kunden									
	Entladung und Bereitstellung (ohne Sortierung)	Staplerfahrer	60,00	60,00	0,1101	€ 17,61	100%	€ 17,61		€ 17,61
Beschaffung/ Reparatur/ Ersatzbeschaffung	Bestellung Palettenreparatur	SachbarbeiterIn	9,00	4,50	0,0083	€ 3,09	50%	€ 1,54		
	Kontrolle und Buchung der Reparaturen									
	Betreuung der SGS-Prüfung	EinkaufsleiterIn	2,00	1,00	0,0018	€ 0,95	50%	€ 0,47		
	Bearbeitung der SGS-Beanstandungen									
	Administration Palettentausch (EURO)	SachbarbeiterIn	9,00	4,50	0,0083	€ 3,09	50%	€ 1,54		
	Kontrolle und Buchung des Tausches (EURO)									
	Palettenbeschaffung Ersatz	EinkaufsleiterIn	2,00	2,00	0,0037	€ 0,95	100%	€ 0,95		€ 0,95
	Adminsitration der Entsorgung	EinkaufsleiterIn	1,00	1,00	0,0018	€ 0,47	100%	€ 0,47		€ 0,47
	Beschaffung Einwegpaletten	SachbarbeiterIn	40,00	40,00	0,0734	€ 13,71	100%		€ 13,71	
	Lieferantenentwicklung Einwegpaletten	EinkaufsleiterIn	12,00	12,00	0,0220	€ 5,68	100%		€ 5,68	
Behandlung Außenstände	Bearbeitung der Außenstände (Warenempfänger)	SachbarbeiterIn	6,00	6,00	0,0110	€ 2,06	100%	€ 2,06		€ 2,06
	Information der VerkäuferInnen	SachbarbeiterIn	6,00	6,00	0,0110	€ 2,06	100%	€ 2,06		€ 2,06
	Problem-behandlung intern/extern	SachbarbeiterIn	30,00	30,00	0,0550	€ 10,28	100%	€ 10,28		€ 10,28
	Problembehandlung beim Kunden	VerkäuferIn	30,00	30,00	0,0550	€ 14,20	100%	€ 14,20		€ 14,20
	Fakturierung der Außenstände	SachbarbeiterIn	1,00	1,00	0,0018	€ 0,34	100%	€ 0,34		€ 0,34
Summen								€ 415,97	€ 89,56	€ 394,53

AUSWERTUNG Kunststoff-Mehrwegpalette		
	Gesamtarbeitszeit [min/Tag]	1.120
	Kapitalkosten Kunststoff-Mehrwegpalette	€ 512,73
	Gesamtkosten Prozessablauf Kunststoff-Mehrwegpalette	€ 394,53
	Anschaffungskosten Kunststoff-Mehrwegpalette	€ 5.440,00
	Gesamtkosten Kunststoff-Mehrwegpalette [€/Tag]	€ 5.834,53
	Gesamtkosten je Kunststoff-Mehrwegpaletteneinsatz	€ 10,71
AUSWERTUNG Kunststoff-Mehrwegpalette	Gesamtkosten je Europalette für 100 km Transport	€ 10,91
	Gesamtkosten je Europalette für 200 km Transport	€ 10,96
	Gesamtkosten je Europalette für 300 km Transport	€ 11,07
	Gesamtkosten je Europalette für 400 km Transport	€ 11,10
	Gesamtkosten je Europalette für 500 km Transport	€ 11,26

Tabelle 12: Kosten Kunststoffpalettenumlauf mit Drehung 4

Bei einer Drehung von 4 kostet der einzelne Umlauf einer Kunststoff-Mehrwegpaletten rund 11 €.

16.4.2 Simulation Prozess- und Transportkosten mit 20 Drehungen

AUSWERTUNG Kunststoff-Mehrwegpalette		
	Gesamtarbeitszeit [min/Tag]	1.120
	Kapitalkosten Kunststoff-Mehrwegpalette	€ 512,73
	Gesamtkosten Prozessablauf Kunststoff-Mehrwegpalette	€ 394,53
	Anschaffungskosten Kunststoff-Mehrwegpalette	€ 1.080,00
	Gesamtkosten Kunststoff-Mehrwegpalette [€/Tag]	**€ 1.474,53**
	Gesamtkosten je Kunststoff-Mehrwegpaletteneinsatz	**€ 2,71**
AUSWERTUNG Kunststoff-Mehrwegpalette	Gesamtkosten je Europalette für 100 km Transport	**€ 2,91**
	Gesamtkosten je Europalette für 200 km Transport	**€ 2,96**
	Gesamtkosten je Europalette für 300 km Transport	**€ 3,07**
	Gesamtkosten je Europalette für 400 km Transport	**€ 3,10**
	Gesamtkosten je Europalette für 500 km Transport	**€ 3,26**

Tabelle 13: Kosten Kunststoffpalettenumlauf mit Drehung 20

Bei einer Drehung von 20 kostet der einzelne Umlauf von Kunststoffpaletten bereits nur mehr knapp über 3 € bei der durchschnittlichen Distanz von 300 km.

16.4.3 Simulation Prozess- und Transportkosten mit 50 Drehungen

AUSWERTUNG Kunststoff-Mehrwegpalette		
	Gesamtarbeitszeit [min/Tag]	1.120
	Kapitalkosten Kunststoff-Mehrwegpalette	€ 512,73
	Gesamtkosten Prozessablauf Kunststoff-Mehrwegpalette	€ 394,53
	Anschaffungskosten Kunststoff-Mehrwegpalette	€ 440,00
	Gesamtkosten Kunststoff-Mehrwegpalette [€/Tag]	**€ 834,53**
	Gesamtkosten je Kunststoff-Mehrwegpaletteneinsatz	**€ 1,53**
AUSWERTUNG Kunststoff-Mehrwegpalette	Gesamtkosten je Europalette für 100 km Transport	**€ 1,73**
	Gesamtkosten je Europalette für 200 km Transport	**€ 1,79**
	Gesamtkosten je Europalette für 300 km Transport	**€ 1,90**
	Gesamtkosten je Europalette für 400 km Transport	**€ 1,93**
	Gesamtkosten je Europalette für 500 km Transport	**€ 2,09**

Tabelle 14: Kosten Kunststoffpalettenumlauf mit Drehung 50

Bei einer Drehung von 50 kostet ein Umlauf von Kunststoffpaletten bei einer Distanz von 300 km 1,90 €.

16.4.4 Simulation Prozess- und Transportkosten mit 100 Drehungen

AUSWERTUNG Kunststoff-Mehrwegpalette		
	Gesamtarbeitszeit [min/Tag]	1.120
	Kapitalkosten Kunststoff-Mehrwegpalette	€ 512,73
	Gesamtkosten Prozessablauf Kunststoff-Mehrwegpalette	€ 394,53
	Anschaffungskosten Kunststoff-Mehrwegpalette	€ 218,00
	Gesamtkosten Kunststoff-Mehrwegpalette [€/Tag]	**€ 612,53**
	Gesamtkosten je Kunststoff-Mehrwegpaletteneinsatz	**€ 1,12**

AUSWERTUNG Kunststoff-Mehrwegpalette		
	Gesamtkosten je Europalette für 100 km Transport	€ 1,33
	Gesamtkosten je Europalette für 200 km Transport	€ 1,38
	Gesamtkosten je Europalette für 300 km Transport	€ 1,49
	Gesamtkosten je Europalette für 400 km Transport	€ 1,52
	Gesamtkosten je Europalette für 500 km Transport	€ 1,68

Tabelle 15: Kosten Kunststoffpalettenumlauf mit Drehung 100

Bei 100 Drehungen im Unternehmen kostet ein Umlauf von Kunststoffpaletten nur mehr 1,49 € bei der mittleren Transportentfernung von 300 km.

In Abhängig von den Drehungen entwickeln sich die internen Prozesskosten je Paletteneinsatz der Mehrwegpalette aus Kunststoff wie folgt:

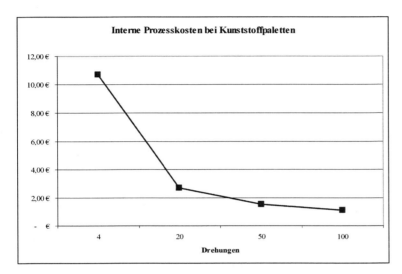

Abbildung 60: Interne Prozesskosten der Kunststoffpalette

Dabei reduziert sich die mit zunehmender Anzahl der Drehungen die anteilige Anrechnung der Anschaffungskosten, während die Kosten im Handling unverändert bleiben.
Die Aufschläge für den Transport liegen unabhängig von der Drehung zwischen 0,20 € und 0,56 € je Paletteneinsatz entsprechend den Entfernungen.

16.5 Simulation Prozess- und Transportkosten Wellpappe-Einwegpalette

Prozesskosten des Palettenhandlings		Personalkategorie	Prozesszeit [min/Tag]	Prozesszeit gewichtet [min/Tag]	Prozesszeit [min/Palette]	Prozesskosten [€/Tag]	Anteilsverhältnis [%]	Kosten der Europalette [€/Tag]	Kosten der Einwegpalette	Kosten der Kunststoff-Mehrwegpalette
Bedarfsermittlung	Bedarfsermittlung (Packvorschrift)	Abt.Leiter	20,00	20,00	0,0367	€ 9,47	100%	€ 9,47	€ 9,47	€ 9,47
	Bestandsermittlung	Abt.Leiter	30,00	30,00	0,0550	€ 14,20	100%	€ 14,20	€ 14,20	€ 14,20
	Auftrag an Staplerfahrer	Abt.Leiter	10,00	5,00	0,0092	€ 4,73	50%	€ 2,37	€ 2,37	€ 2,37
	Bedarfsmeldung absetzen	Abt.Leiter	10,00	5,00	0,0092	€ 4,73	50%	€ 2,37	€ 2,37	€ 2,37
Versorgung Europalette	Palettensuche/Meldung an Abt.Leiter	Masch.führerIn	16,00	4,80	0,0088	€ 7,58	30%	€ 2,27		
	Palettensuche/Klärung	Masch.führerIn	24,00	7,20	0,0132	€ 11,36	30%	€ 3,41		
	Euro Neu/ neuwertig aussortieren	Prod.Personal	9,00	1,89	0,0035	€ 2,64	21%	€ 0,55		
	Bedarfsmeldung absetzen	Masch.führerIn	6,00	1,80	0,0033	€ 2,84	30%	€ 0,85		
	unbrauchbare Paletten an Maschine aussortieren	Prod.Personal	100,00	49,00	0,0899	€ 29,36	49%	€ 14,38		
	unbrauchbare Paletten zur Reparatur/ Entsorgung	Staplerfahrer	240,00	240,00	0,4404	€ 70,45	100%	€ 70,45		
Versorgung Kunststoffpalette	Palettensuche/Meldung an Abt.Leiter	Masch.führerIn	16,00	4,80	0,0088	€ 7,58	30%			€ 2,27
	Palettensuche/Klärung	Masch.führerIn	24,00	7,20	0,0132	€ 11,36	30%			€ 3,41
	Bedarfsmeldung absetzen	Masch.führerIn	6,00	1,80	0,0033	€ 2,84	30%			€ 0,85
	unbrauchbare Paletten an Maschine aussortieren	Prod.Personal	100,00	70,00	0,1284	€ 29,36	70%			€ 20,55
	unbrauchbare Paletten zur Entsorgung	Staplerfahrer	160,00	160,00	0,2936	€ 46,97	100%			€ 46,97
Versorgung Einwegpaletten	Palettensuche/Meldung an Abt.Leiter	Masch.führerIn	16,00	4,80	0,0088	€ 7,58	30%		€ 2,27	
	Palettensuche/Klärung	Masch.führerIn	24,00	7,20	0,0132	€ 11,36	30%		€ 3,41	
	Bedarfsmeldung absetzen	Masch.führerIn	6,00	1,80	0,0033	€ 2,84	30%		€ 0,85	
	Paletten-Bereitstellung an Maschine	Staplerfahrer	120,00	120,00	0,2202	€ 35,23	100%		€ 35,23	
Palettenverwaltung	Palletten-Ausgang vom Verladeprotokoll	Sachbarbeiterin	480,00	480,00	0,8807	€ 164,55	100%	€ 164,55		€ 164,55
	Palettenanzahl für Lieferschein(EDV) Bestandsführung									
	Erfassung pro Kunde									
	Paletten-Eingang von den Gegenscheinen									
	Erfassung pro Kunde									
	Bestandsführung [+]									
	Außenstands-Verfolgung									
	Paletten-Außenstand an Kunden									
	Information an Verkauf									
Palettentausch	Anzahl Paletten auf Verladeprotokoll	LKW-Fahrer	200,00	200,00	0,3670	€ 79,55	100%	€ 79,55		€ 79,55
	Palettentausch beim Kunden									
	Entladung und Bereitstellung (ohne Sortierung)	Staplerfahrer	60,00	60,00	0,1101	€ 17,61	100%	€ 17,61		€ 17,61
Beschaffung/ Reparatur/ Ersatzbeschaffung	Bestellung Palettenreparatur	Sachbarbeiterin	9,00	4,50	0,0083	€ 3,09	50%	€ 1,54		
	Kontrolle und Buchung der Reparaturen									
	Betreuung der SGS-Prüfung	EinkaufsleiterIn	2,00	1,00	0,0018	€ 0,95	50%	€ 0,47		
	Bearbeitung der SGS-Beanstandungen									
	Administration Palettentausch (EURO)	Sachbarbeiterin	9,00	4,50	0,0083	€ 3,09	50%	€ 1,54		
	Kontrolle und Buchung des Tausches (EURO)									
	Palettenbeschaffung Ersatz	EinkaufsleiterIn	2,00	2,00	0,0037	€ 0,95	100%	€ 0,95		€ 0,95
	Adminsitration der Entsorgung	EinkaufsleiterIn	1,00	1,00	0,0018	€ 0,47	100%	€ 0,47		€ 0,47
	Beschaffung Einwegpaletten	Sachbarbeiterin	40,00	40,00	0,0734	€ 13,71	100%		€ 13,71	
	Lieferantenentwicklung Einwegpaletten	EinkaufsleiterIn	12,00	12,00	0,0220	€ 5,68	100%		€ 5,68	
Behandlung Außenstände	Bearbeitung der Außenstände (Warenempfänger)	Sachbarbeiterin	6,00	6,00	0,0110	€ 2,06	100%	€ 2,06		€ 2,06
	Information der VerkäuferInnen	Sachbarbeiterin	6,00	6,00	0,0110	€ 2,06	100%	€ 2,06		€ 2,06
	Problem-behandlung intern/extern	Sachbarbeiterin	30,00	30,00	0,0550	€ 10,28	100%	€ 10,28		€ 10,28
	Problembehandlung beim Kunden	VerkäuferIn	30,00	30,00	0,0550	€ 14,20	100%	€ 14,20		€ 14,20
	Fakturierung der Außenstände	Sachbarbeiterin	1,00	1,00	0,0018	€ 0,34	100%	€ 0,34		
Summen								€ 415,97	€ 89,56	€ 394,53

AUSWERTUNG Einwegpalette	Gesamtarbeitszeit [min/Tag]	246
	Kapitalkosten Einwegpalette	
	Gesamtkosten Prozessablauf Einwegpalette	€ 89,56
	Anschaffungskosten Einwegpalette	€ 2.452,50
	Gesamtkosten Einwegpalette [€/Tag]	€ 2.542,06
	Gesamtkosten je Einwegpaletteneinsatz	€ 4,66
AUSWERTUNG Einwegpalette inkl. Transport	Gesamtkosten je Europalette für 100 km Transport	€ 4,71
	Gesamtkosten je Europalette für 200 km Transport	€ 4,72
	Gesamtkosten je Europalette für 300 km Transport	€ 4,75
	Gesamtkosten je Europalette für 400 km Transport	€ 4,76
	Gesamtkosten je Europalette für 500 km Transport	€ 4,81

Tabelle 16: Kosten-Wellpappe-Einwegpalette

Bei einem Anschaffungspreis von 4,50 € für eine Einwegwellpappepalette ergeben sich Kosten je Palletteneinsatz bei 300 km Distanz von 4,75 € – also nur 0,25 € Aufschlag zu den Anschaffungskosten für das interne Handling und die im Transport induzierten Kosten. Die Rentabilität der Einwegpalette aus Wellpappe ergibt sich also in erster Linie aus ihrem Einstandspreis. Bei einem derzeit realistisch, minimalen Preis von 3,-- € ergibt sich bei 300 km Transportdistanz bereits ein Kostenfaktor je Einsatz von nur 3,25 € - also schon sehr nah am Kostenpunkt der Europalette.

Aufgrund des geringen Gewichtes der Einwegpalette aus Karton, induziert die Palette nur einen sehr geringen Anteil der Kosten im Transport. Dementsprechend klein ist der Anteil der Transportkosten an den Gesamtkosten des Einsatzes einer Wellpappe-Einwegpalette. In Abhängigkeit von der Transportentfernung liegt er zwischen 1 und 3 %.

17 Vergleich der Ergebnisse

Die Darstellung der Ergebnisse aus der Simulation bildet die Ausgangslage für weitere Handlungsempfehlungen und Ansatzpunkte für die Wirtschaft in Österreich mit Ableitungsmöglichkeiten für Deutschland.

AUSWERTUNG Europalette inkl. Transport		
	Gesamtkosten je Europalette für 100 km Transport	€ 2,59
	Gesamtkosten je Europalette für 200 km Transport	€ 2,68
	Gesamtkosten je Europalette für 300 km Transport	€ 2,84
	Gesamtkosten je Europalette für 400 km Transport	€ 2,88
	Gesamtkosten je Europalette für 500 km Transport	€ 3,12

AUSWERTUNG Kunststoff-Mehrwegpalette		Drehung 4	Drehung 20	Drehung 50	Drehung 100
	Gesamtkosten je Europalette für 100 km Transport	€ 10,91	€ 2,91	€ 1,73	€ 1,33
	Gesamtkosten je Europalette für 200 km Transport	€ 10,96	€ 2,96	€ 1,79	€ 1,38
	Gesamtkosten je Europalette für 300 km Transport	€ 11,07	€ 3,07	€ 1,90	€ 1,49
	Gesamtkosten je Europalette für 400 km Transport	€ 11,10	€ 3,10	€ 1,93	€ 1,52
	Gesamtkosten je Europalette für 500 km Transport	€ 11,26	€ 3,26	€ 2,09	€ 1,68

AUSWERTUNG Einwegpalette inkl. Transport		Preis 3€
	Gesamtkosten je Europalette für 100 km Transport	€ 3,21
	Gesamtkosten je Europalette für 200 km Transport	€ 3,22
	Gesamtkosten je Europalette für 300 km Transport	€ 3,25
	Gesamtkosten je Europalette für 400 km Transport	€ 3,26
	Gesamtkosten je Europalette für 500 km Transport	€ 3,31

Tabelle 17: Ergebnisvergleich der verschiedenen Transporthilfsmittel

Es kann als generelle Kennzahl festgehalten werden, dass für eine in Österreich **durchschnittliche Transportdistanz von rund 300 km ein Umlauf mit einer Europalette insgesamt 2,84 € kostet**. Dabei schlägt sich das road pricing mit 10 Cent zu Buche. Alternativ dazu muss für einen effizienten Einsatz einer Kunststoffpalette eine wesentlich höhere Drehung als bei der Europalette erzielt werden. Erst bei einer Drehung von 23 stellen sich die Kosten bei der Europalette und bei der Kunststoffpalette in etwa gleich dar. D.h. die Kunststoffpalette müsste mindestens 23 mal wieder verwendet werden, um wirtschaftlicher als die Europalette zu sein. Aufgrund der langen Lebensdauer dieser Transporthilfsmittel kann aber von einer solchen Verwendung ausgegangen werden.

Im Gegensatz dazu steht die Verwendung der Einwegpalette. Hier gilt es den Preis der Einwegpalette zu minimieren. Bei den Kosten von 2,62 € pro Wellpappe-Einwegpalette ist der Einsatz gleich günstig oder teuer wie ein Europalettenumlauf. Ab diesem Einstandspreis ist der Einsatz der Einwegpalette aus Wellpappe rentabel.

17.1 Handlungsalternativen für die Wirtschaft

Für Transport-, Umschlag- und Lagervorgänge setzen aufgrund der günstigen Anschaffungskosten viele Unternehmen standardisierte Europaletten ein. Jedoch stellen die in der Studie herausgearbeiteten Probleme die Logistiker vor die Entscheidung, Euro-Holz- oder alternative Ladungsträger einzusetzen.

Um für die innerbetrieblichen Transport- und Lagerprozesse ein hohes Qualitätsniveau der Europaletten zu gewährleisten, sind ständige Ersatzbeschaffungen notwendig.

Der Europalettenpool ist sicherlich in den letzten Jahren nicht unumstritten. Viele Produzenten haben deshalb auf andere Systeme umgestellt. Auch diese sind natürlich nicht immer der Weisheit letzter Schluss. Das Autorenteam hat sich zur Aufgabe gemacht nun erstmals in Österreich die Kosten für einen Umlauf genau zu ermitteln. Diese, von der Supply-Chain-Analyse abgeleitete, Systemkennzahlen dienten als Grundlage für den Aufbau eines Wirtschaftlichkeitsvergleiches, der alle relevanten Systemkosten, der alternativen Palettensysteme berücksichtigt. Dies bildet nun die Grundlage für weitere Handlungsempfehlungen. Das Simulationsmodell ermöglicht die Auswahl des günstigsten Palettensystems für verschiedene Transportentfernungen.

Der Einsatz von Kunststoffpaletten in der Lebensmittel- und Automobilindustrie gilt bereits als Referenz, in anderen Industriezweigen betreten wir damit Neuland. Im Einsatz mit Transpondertechnologien (RFID), zeigt sich die Kunststoffpalette wesentlich innovativer als die normale Europalette, da mittlerweile schon serienmäßig zwei Transponder eingebaut werden können. Des Weiteren sind die Kunststoffpaletten wesentlich stabiler als die Holzpaletten, jedoch erst bei einer Drehung ab 23 wirtschaftlicher als die Holzpalette (Holzpalette Drehung von 4). Trotzdem bleiben viele Fragen offen, wie z.B. was passiert, wenn jeder auf Kunststoff umsteigt, oder der Schwund ähnliche Ausmaße annimmt wie bei den Holzpaletten?

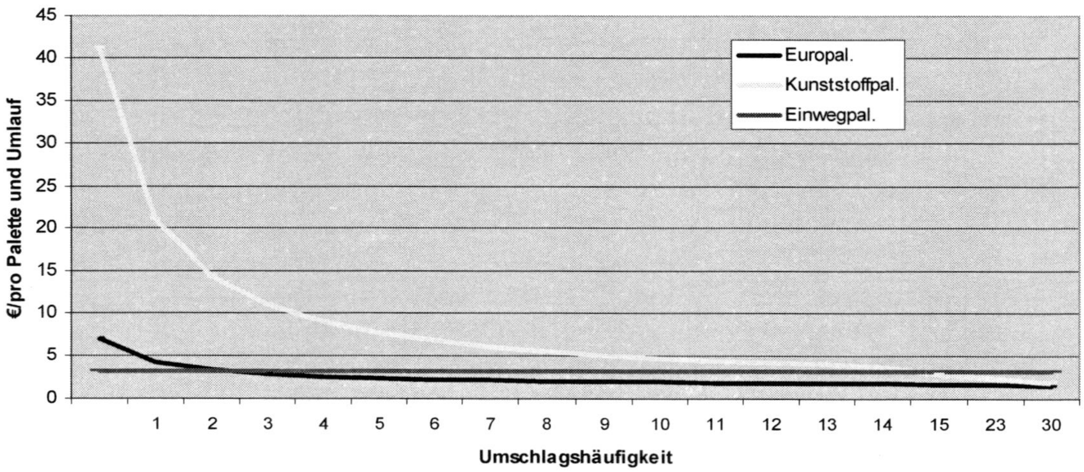

Abbildung 61: Umschlagshäufigkeit zu € pro Palette und Umlauf bei 300 km Transportdistanz

Bei den verschiedenen Umschlaghäufigkeiten berechnet, ist die Holzpalette immer deutlich günstiger als die Kunststoffpalette, jedoch erreicht diese nie diese Drehung. In unserem Prozess ist diese maximal 4. Ab einer Umschlagshäufigkeit von 23 ist die Kunststoffpalette günstiger als die Einwegpalette. Dabei gelten für die Kunststoffpaletten ein Einkaufspreis von 40€.

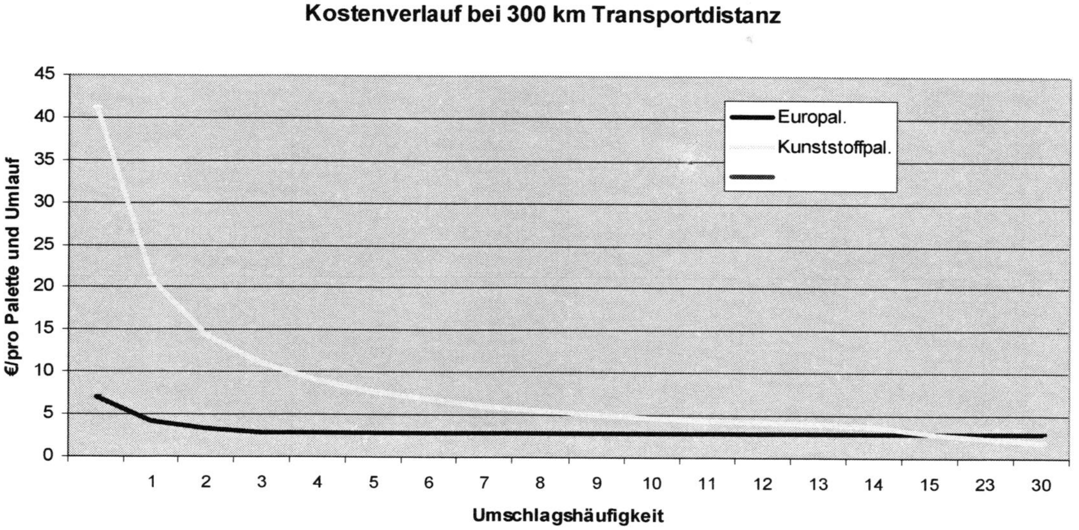

Kostenverlauf bei 300 km Transportdistanz

Abbildung 62: Kostenvergleich bei 300 km Distanz und max. 4x Umschlagshäufigkeit einer Holzpalette

Eine Alternative dazu ist Einweg. Wellpappe-Einwegpaletten sind heute noch nicht weit verbreitet, jedoch in punkto Qualität, Tragkraft und Rollbahnfähigkeit mit den Holzpaletten durchaus vergleichbar. Hauptpunkt ist hier sicherlich der Preis der Einwegpalette, der momentan noch bei 4,50 € liegt. Dies ist absolut zu teuer, und deswegen ist dieser Typ momentan noch nicht im Einsatz. Ein Preis von rd. 3,- € ist derzeit kurzfristig absehbar. Ab einem Preis von 2,60 € pro Wellpappepalette jedoch würde die Sache schon wesentlich interessanter, zumal es ja möglich ist, nicht alle Kunden in diesem Palettensystem zu integrieren, sondern z.B. nur Kunden mit einer schlechten Tauschmoral bei den Europaletten, in Logistikschienen, in denen sich die Palettenrückführung schwierig gestaltet, oder bei besonders weiten Transporten.

Die unterschiedlichen Kostenanteile der Kostenarten je Paletteneinsatz einerseits und die unterschiedliche Wahrscheinlichkeit bzw. Sicherheit für die Anzahl der Einsätze einer Palette bestimmen die Variabilität der Alternativen in unterschiedlichen Szenarien.

Vergleich der Ergebnisse

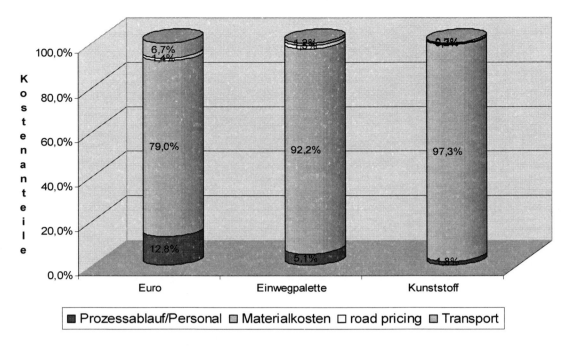

Abbildung 63: Kostenanteile je Palettenalternative für Drehung 1

Die Forderung nach einer differenzierten und flexiblen Palettenpolitik im Unternehmen kann daher als Handlungsempfehlung für die österreichische Wirtschaft formuliert werden. Die jeweilige Kenntnis der eigenen, internen Palettenprozesse und der damit verbundenen Kosten, ermöglicht den angepassten Einsatz unterschiedlicher Palettenarten für unterschiedliche Kunden oder Logistikschienen. Dabei stellen sowohl individuelle Kreislaufsysteme mit Mehrwegpaletten aus Kunststoff oder aus Holz – oder aus Metall (!) – als auch Einwegsysteme mit leichten, flexibel einsetzbaren Paletten wie den Wellpappe-Paletten oder Paletten aus Pressholz ernsthafte Alternativen dar. Dies gilt insbesondere dann, wenn, die Europaletten in der Praxis durchschnittlich nur eine geringe Anzahl von Umläufen schaffen.

Hinsichtlich der einleitend dargestellten Problemfelder im Umgang mit der Europalette lassen sich auf Grundlage der Projekterkenntnisse folgende Handlungsempfehlungen ableiten.

17.1.1 Unterschiedliche Qualität beim Tausch

Die Einrichtung eines spezifischen Systems mit eigenen Mehrwegpaletten hat sich in der Modellrechnung, unter der Prämisse einer ausreichenden Anzahl von Drehungen zur Amortisation der hohen Anschaffungskosten, als rentabel erwiesen. Während sich die Simulation hierbei ausschließlich auf Paletten aus Kunststoff bezieht, sind in der Praxis auch stabile Holzpaletten und Paletten aus Metall vorstellbar. In jedem Fall aber kann ein Kreislaufsystem zwischen Verlader und Kunden mit eigenen Paletten des Verladers die Problematik der Qualität beim Palettentausch im Europaletten-Pool verhindern. Die Akzeptanz auf Kundenseite bzw. die Marktmacht des Verladers zur Durchsetzung des Systems oder aber die Kooperation beider ist Voraussetzung.

Auch das bei den Chemiepaletten praktizierte System, die Ladungshilfsmittel an den Empfänger weiterzuverkaufen, verhindert derartige Probleme und trägt ex ante erheblich mehr zur Qualitätssicherung bei, als das Tauschsystem.

Im Chep-System wird die Qualität durch die regelmäßige Rückführung in Servicedepot nach jedem Einsatz sichergestellt.

Die sicherste Variante für hochwertige Qualität der Paletten ist jedoch selbstverständlich das Einwegsystem. Nur bei Einwegpaletten ist in jedem Fall sichergestellt, das die Waren stets auf qualitativ gleich bleibende (nämlich neue!) Ladungsträger verladen werden.
Die Rentabilität für den Einsatz einer Einwegpalette kann sich letztendlich nur aus dem Problemdruck des Einzelfalles ergeben. Als Anhaltspunkt für die Entscheidung kann dienen, dass die Differenz zwischen den Gesamtkosten eines Europaletten-Einsatzes und dem Einsatz der Wellpappe-Palette mit 3,-- Anschaffungspreis in der Simulationsrechnung durchschnittlich etwas mehr als 0,40 € betragen hat.

17.1.2 Stellung des Frächters

Sowohl bei individuellen Mehrwegssystemen (inkl. Chep) als auch bei Einwegsystemen sind die Eigentumsverhältnisse an den Paletten eindeutig geregelt. Die Mehrwegpalette verbleibt im gesamten Umlauf ohne Ausnahme im Eigentum der Verladers (bzw. seines Dienstleisters) und die Einwegpalette wird quasi zum Bestandteil der Ladung mit den entsprechenden Eigentumsübergängen. Die Stellung des Frächters ist in jedem Fall eindeutig. Rechtlich diffuse Bereiche wie beim Europalettentausch bestehen nicht. Auch das Risiko eines gestörten Tauschvorganges muss nicht vom Frächter getragen werden. Bei individuellen Mehrwegpaletten trägt das Risiko der Rückgabe der Verlader – bei Einwegpaletten stellt sich die Frage erst gar nicht.

17.1.3 Gestörter Palettentausch

Die mangelnde Rückgabe von Paletten bzw. fehlende Tauschbereitschaft kann vom Verlader nur durch Einwegpaletten mit 100protzentiger Sicherheit vermieden werden. Der Einsatz von Einwegpaletten auf Relationen mit hohen Verlustraten ist daher dringend anzuraten. Schafft eine Europalette durchschnittlich nur noch eine Drehung von 3, liegen ihre Gesamtkosten je Einsatz bereits über denen der Einwegpalette aus Wellpappe (unter der Voraussetzung von 3,-- € Anschaffungspreis). Schafft die Europalette durchschnittlich nur noch 2 Umläufe, dürfte eine Einwegpalette sogar rd. 4,-- € kosten und wäre trotzdem effizienter als die Europalette.

Nachdem individuelle Mehrwegpalette oder Chep-Paletten im Transport nur schwer unerlaubt eingesetzt werden können (weil sie nicht getauscht werden), bieten auch diese Systeme einen gewissen Schutz vor Schwund im Palettenbestand. Beim Einsatz eigener

Kunststoff- oder Metallpaletten ist aber zu bedenken, dass, kommt es trotzdem zu Schwund, der Schaden je Einzelfall aufgrund der erheblich höheren Anschaffungspreise größer ausfällt. Gängiges und bewährtes Mittel zur Sicherung des Eigentums ist dann die Erhebung einer Pfandgebühr.

17.1.4 Transportkosten

Aufgrund des geringen Eigengewichtes fallen grundsätzlich die der Palette zuzurechnenden Transportkosten bei der Einwegpalette aus Wellpappe mit Abstand am geringsten aus. Außerdem entfällt die Rückführung als Bestandteil des Warentransportsystems und wird im Falle der Wellpappe ersetzt durch die bestehende, logistisch sehr effektive Entsorgungslogistik für Altpapier (ggf. gemeinsam mit sowieso anfallenden anderen Verpackungsmitteln wie z.B. Kartons). Zur Reduzierung von Transportkosten stellt die Einwegpalette die mit Abstand beste Alternative dar. Bestehen in Logistiksystemen strukturelle, regionale Ungleichgewichte, die beim Einsatz von Mehrwegpaletten den Transport von Leerpaletten notwendig machen, sollten die Wellpappe-Einwegpaletten in jedem Fall in Betracht gezogen werden. Das gleich gilt für hochausgelastete Liefer- und Sammeltouren, bei denen leere Paletten ggf. produktive Nutzlast einschränken.

17.1.5 Weitere Problembereiche im Europalettensystem

Die Problematik von gefälschten, nicht einem festgesetzten Standard entsprechenden Paletten stellt sich nur in einem Tauschsystem bzw. in einem offenen Poolsystem (also auch im Weiterverkauf der Chemiepaletten). Alle Einwegsysteme und individuelle Mehrwegsysteme sind davon nicht betroffen.

Auch die Verantwortung für Schäden durch Tausch auf den nächsten abzuschieben, ist ein Charakteristikum, das in erster Linie in den offenen Systemen auftritt. Allerdings werden auch in individuellen Mehrwegsystemen Schäden nicht unbedingt verursachungsgerecht getragen. Ein Einwegsystem kennt naturgemäß diese Problematik nicht.

Der schlechte Auslastungsgrad von Europaletten in ISO-Containern kann durch passende Formate bei Einwegpaletten oder bei individuellen Mehrwegpaletten vermieden werden. Der Einsatz von Containern in intermodalen Lieferketten verbietet geradezu den Einsatz von Europaletten.

17.1.6 Fazit aus der Betrachtung der Europalettenproblematik

Die bekannten Problemfelder im Tauschsystem der Europaletten können mit einem System von Einwegpaletten aus Wellpappe ausnahmslos behoben werden. Die hervorragenden logistischen Eigenschaften aufgrund des geringen Eigengewichtes und die einfache sowie ebenfalls logistisch effektive Art der Entsorgung und zuletzt die bestehende Struktur zur Abnahme und Verwertung der Reststoffe machen die Wellpappe-Einwegpalette zu einem äußerst attraktiven Transporthilfsmittel. Wie in den Simulationsrechnungen ermittelt wurde, ist jedoch die Rentabilität der Wellpappe-Einwegpalette bei den derzeitigen Anschaffungskosten im Normalfall noch nicht gegeben. Besteht aber in den üblichen Problemfeldern im Einsatz von Europaletten besonderer Handlungsbedarf, ist die Einwegpalette aus Wellpappe in jedem Fall eine betrachtenswerte Alternative.

17.2 Volkswirtschaftliche Schlussfolgerungen

17.2.1 Bewertung der Simulationsergebnisse

Zur Beurteilung der volkswirtschaftlichen Vorteilhaftigkeit werden die Ergebnisse der Modellrechnung hinsichtlich der dargestellten volkswirtschaftlichen Aspekte der Prozessbetrachtung interpretiert.

Der möglichen Kritik, dass der Anschaffungspreis von Wellpappe-Paletten als Maß für die gesellschaftlichen Opportunitätskosten aufgrund eines engen Anbieteroligopols nur bedingt aussagekräftig ist, wird dadurch begegnet, dass ein im Polypolfall realistischer Einstandspreis von 3,-- € angesetzt wird[112].

Die ARA-Lizenzgebühren werden im Sinne eines volkswirtschaftlichen Kostenindikators als tatsächliche Kosten der Entsorgung angenommen. Für den Vergleich zwischen Mehrweg und Einweg, werden die Entsorgungskosten der Mehrwegpaletten anteilig je Einsatz / Drehung angesetzt.

Betrachtet wird eine Auswahl von Transportentfernungen und Varianten der Drehung der Kunststoffpaletten (die Drehung der Europalette ist entsprechend empirischen Werten fix vier Einsätzen).

17.2.1.1 Basis 20 Drehungen der Kunststoffpalette

Für 20 Drehungen der Kunststoffpaletten ergeben sich die Indikatoren für die volkswirtschaftlichen Kosten der Entsorgung über die ARA-Lizenzgebühren wie folgt:

	Gewicht [kg]	ARA-Gebühren	Produkt	Annahme Drehungen	ARA-Entsorgungskosten-Indikator je Einsatz
Europalette	25	0,023 €	0,58 €	4	0,14 €
Kunststoff	14	0,230 €	3,22 €	20	0,16 €
Wellpappe	3	0,050 €	0,15 €	1	0,15 €

Tabelle 18: ARA-Entsorgungskostenindikator (20 Drehungen Kunststoffpalette)

Für eine Transportdistanz von 300 km kann dann der volkswirtschaftliche Vergleich der Alternativen wie folgt aufgestellt werden:

---

[112] Auf Grundlage einer internen Hochrechnung für Massenfertigung.

Vergleich der Ergebnisse

	Interne Prozesskosten inkl. Anschaffung	Bonus in Bezug auf negative Externalitäten durch Resourcenverbrauch	Bonus in Bezug auf negative Externalitäten durch Umweltemissionen	Anteilige Transportkosten der Palette für 300 km Transport	Anteilige Kosten der Entsorgung je Einsatz über den ARA-Gebührenindikator	**Indikator der volkswirtschaftlichen Kosten des Paletteneinsatzes**	**Summe der Boni in Bezug auf Externalitäten**	
Europalette	2,27 €	+	+	0,57 €	0,14 €	**2,98 €**	**++**	**Europalette**
Kunststoff-Mehrwegpalette (20 Drehungen)	2,71 €			0,36 €	0,16 €	**3,23 €**		**Kunststoff-Mehrwegpalette (20 Drehungen)**
Wellpappe-Einwegpalette (3,-- € Einstandspreis)	3,16 €	+		0,09 €	0,15 €	**3,40 €**	+	**Wellpappe-Einwegpalette (3,-- € Einstandspreis)**

Tabelle 19: Volkswirtschaftlicher Kostenvergleich bei 300 km Distanz (20 Drehungen Kunststoffpalette)

Bei einer Transportentfernung von 300 km und einer Lebensdauer von 20 Drehungen der Kunststoffpalette, 4 Drehungen der Europalette und einer Drehung der Wellpappe-Palette erweist sich die Europalette eindeutig als volkswirtschaftlich vorteilhafteste Alternative. Sowohl die Kosten fallen vergleichsweise am niedrigsten aus, als auch die zu erwartenden negativen Externalitäten sind am geringsten.

Für eine Transportentfernung von 500 km stellt sich die Situation wie folgt dar:

	Interne Prozesskosten inkl. Anschaffung	Bonus in Bezug auf negative Externalitäten durch Resourcenverbrauch	Bonus in Bezug auf negative Externalitäten durch Umweltemissionen	Anteilige Transportkosten der Palette für 500 km Transport	Anteilige Kosten der Entsorgung je Einsatz über den ARA-Gebührenindikator	**Indikator der volkswirtschaftlichen Kosten des Paletteneinsatzes**	**Summe der Boni in Bezug auf Externalitäten**	
Europalette	2,27 €	+	+	0,85 €	0,14 €	**3,26 €**	**++**	**Europalette**
Kunststoff-Mehrwegpalette (20 Drehungen)	2,71 €			0,55 €	0,16 €	**3,42 €**		**Kunststoff-Mehrwegpalette (20 Drehungen)**
Wellpappe-Einwegpalette (3,-- € Einstandspreis)	3,16 €	+		0,15 €	0,15 €	**3,46 €**	+	**Wellpappe-Einwegpalette (3,-- € Einstandspreis)**

Tabelle 20: Volkswirtschaftlicher Kostenvergleich bei 500 km Distanz (20 Drehungen Kunststoffpalette)

Auch in diesem Szenario behauptet sich die Europalette als volkswirtschaftlich sinnvollste Entscheidung – die Abstände zwischen den Alternativen schwinden jedoch. Es ist absehbar, dass die Palette aus Wellpappe bei weiter zunehmender Transportentfernung, die Spitzenposition in Bezug auf die Kosten übernehmen kann. Es bleibt jedoch, dass bei der Europalette in der Herstellung mit weniger negativen externen Effekten zu rechnen ist.

17.2.1.2 Basis 50 Drehungen der Kunststoffpalette

Die Indikatoren für die volkswirtschaftlichen Kosten der Entsorgung über die ARA-Lizenzgebühren ergeben sich wie folgt:

Vergleich der Ergebnisse

	Gewicht [kg]	ARA-Gebühren	Produkt	Annahme Drehungen	ARA-Entsorgungskosten-Indikator je Einsatz
Europalette	25	0,023 €	0,58 €	4	0,14 €
Kunststoff	14	0,230 €	3,22 €	50	0,06 €
Wellpappe	3	0,050 €	0,15 €	1	0,15 €

Tabelle 21: ARA-Entsorgungskostenindikator (50 Drehungen Kunststoffpalette)

Daraus ergeben sich für 300 km Transport:

	Interne Prozesskosten inkl. Anschaffung	Bonus in Bezug auf negative Externalitäten durch Resourcenverbrauch	Bonus in Bezug auf negative Externalitäten durch Umweltemissionen	Anteilige Transportkosten der Palette für 300 km Transport	Anteilige Kosten der Entsorgung je Einsatz über den ARA-Gebührenindikator	Indikator der volkswirtschaftlichen Kosten des Paletteneinsatzes	Summe der Boni in Bezug auf Externalitäten	
Europalette	2,27 €	+	+	0,57 €	0,14 €	2,98 €	+ +	Europalette
Kunststoff-Mehrwegpalette (50 Drehungen)	1,53 €			0,36 €	0,06 €	1,95 €		Kunststoff-Mehrwegpalette (50 Drehungen)
Wellpappe-Einwegpalette (3,-- € Einstandspreis)	3,16 €	+		0,09 €	0,15 €	3,40 €	+	Wellpappe-Einwegpalette (3,-- € Einstandspreis)

Tabelle 22: Volkswirtschaftlicher Kostenvergleich bei 300 km Distanz (50 Drehungen Kunststoffpalette)

Bei einer Transportentfernung von 300 km und einer Lebensdauer von 50 Drehungen der Kunststoffpalette, 4 Drehungen der Europalette und einer Drehung der Wellpappe-Palette muss vermutliche trotz ggf. höherer Externalitäten der Einsatz der Kunststoffpalette als volkswirtschaftlich sinnvollste Alternative erachtet werden.

Bei einer Transportentfernung von 500 km stellt sich die Situation entsprechend dar:

	Interne Prozesskosten inkl. Anschaffung	Bonus in Bezug auf negative Externalitäten durch Resourcenverbrauch	Bonus in Bezug auf negative Externalitäten durch Umweltemissionen	Anteilige Transportkosten der Palette für 500 km Transport	Anteilige Kosten der Entsorgung je Einsatz über den ARA-Gebührenindikator	Indikator der volkswirtschaftlichen Kosten des Paletteneinsatzes	Summe der Boni in Bezug auf Externalitäten	
Europalette	2,27 €	+	+	0,85 €	0,14 €	3,26 €	+ +	Europalette
Kunststoff-Mehrwegpalette (50 Drehungen)	1,53 €			0,55 €	0,06 €	2,14 €		Kunststoff-Mehrwegpalette (50 Drehungen)
Wellpappe-Einwegpalette (3,-- € Einstandspreis)	3,16 €	+		0,15 €	0,15 €	3,46 €	+	Wellpappe-Einwegpalette (3,-- € Einstandspreis)

Tabelle 23: Volkswirtschaftlicher Kostenvergleich bei 500km Distanz (50 Drehungen Kunststoffpalette)

17.2.2 Volkswirtschaftliches Fazit

In der gegebenen Modellrechnung und in der Fallstudie erweisen sich aus volkswirtschaftlicher Sicht die Mehrwegsysteme als die vorteilhafteren Alternativen. Es ist jedoch absehbar, dass mit zunehmenden Transportentfernungen die volkswirtschaftliche Rentabilität der Einwegpalette aus Wellpappe wächst. **Es kann daher daraus geschlossen werden, dass eine Wellpappe-Einwegpalette in transeuropäischen Straßentransporten makroökonomisch effizient und sinnvoll eingesetzt werden kann.** Für den Einsatz innerhalb Österreichs müsste die Palette aus Wellpappe stabil genug gefertigt sein, um eine zweite Drehung zu schaffen – was vermutlich nur zu Lasten eines höheren Anschaffungspreises möglich ist, was wiederum den Vorteil der zweiten Drehung kompensieren würde.

Bei den im österreichischen Lkw-Binnenverkehr üblichen Transportdistanzen ist der Einsatz von Mehrweg-Systemen bei den Transporthilfsmitteln gesamtgesellschaftlich die sinnvollste Wahl. Das gilt grundsätzlich sowohl für den Tauschpool der Europaletten als auch für verladerindividuelle Mehrwegpaletten. Die Krux des Europaletten-Systems ist die de facto gegebene, geringe durchschnittliche Drehung der Paletten bis sie für die Verladungen eines Herstellers unbrauchbar sind bzw. generell nicht mehr tauschfähig sind. Dies wiederum ist offensichtlich dem offenen Charakter des Tauschpools immanent. Können daher durch geschlossene Systeme zwischen Versender und Empfänger in einem Mehrwegkreislauf mehr Drehungen erzeugt werden, steigert sich die volkswirtschaftliche genauso wie die betriebswirtschaftliche Rentabilität enorm. Durch die freie Tauschfähigkeit ist dies mit der Europalette nicht möglich. Es bedarf also einer speziellen, eigenen Palette des Verladers. Die vorgenannten Untersuchungen geben einen Anhalt für die Spezifikation des Materials. So lange eine Kunststoffpalette nicht erheblich mehr Drehungen schafft als eine Holzpalette kann sie ihre logistischen Vorteile durch geringeres Eigengewicht nicht ausspielen. Die erheblich höheren Anschaffungskosten amortisieren sich weder in einer betriebswirtschaftlichen noch in einer volkswirtschaftlichen Nutzenrechnung.

In engen Kundenbeziehungen innerhalb Österreichs erscheinen daher individuelle, stabile Holzpaletten, die in einem Pool zwischen Empfänger und Verlader kreisen, als eine volkswirtschaftlich sinnvolle Alternative zur Europalette. Voraussetzung dabei ist sicherlich eine gewisse Regelmäßigkeit in der Belieferung eines Empfängers und auch ein regelmäßig palettenaffines sowie angemessen großes Sendungssubstrat. Die Variante mit Kunststoffpaletten ist sicherlich dann sinnvoll, wenn die Holzeigenschaften z.B. aufgrund der Anfälligkeit für Verschmutzungen problematisch sind oder wenn bei den gegebene Belastungen im Palettenhandling die Schadenshäufigkeit der Holzpaletten zu groß ist (und damit wieder die Anzahl der Drehungen begrenzt wird). Aus volkswirtschaftlicher Sicht sind in Bezug auf die Palettenherstellung die Holzpaletten in jedem Fall den Kunststoffpaletten vorzuziehen. Einerseits aus dem Gesichtspunkt der Ressourcenschonung (nachwachsendes Holz vs. endliches Erdöl) und andererseits aufgrund der Umweltemissionen (Luft- und Wasserverunreinigungen). Nachdem eine Holzpalette beim Einsatz in einer festen Verlader-Empfänger-Relation nur für die spezifischen Traglasten ausgerichtet sein muss, kann sie ggf. auch – trotz stabiler Bauweise – mit geringerem Eigengewicht als eine Europalette aufwarten. Die durch die Palette anteilig induzierten Transportkosten verringern sich dadurch und der volkswirtschaftliche Nutzen wächst.

Sofern nicht durch andere logistische Parameter bestimmt, ist bei der Einrichtung eines individuellen Palettenpools zu überlegen, ein **für den Einsatz in ISO-Containern besser geeignetes Palettenformat** zu wählen. Dies könnten ebenfalls gängige Abmessungen wie 1.200 x 1.000 mm oder 1.140 x 1.140 mm sein oder grundsätzlich für die beförderten Waren im Hinblick auf die durchschnittliche, innere Breite der ISO-Container von 2,33 m individuell konzipiert werden. Für Österreich wären derart logistische Systeme insbesondere für die vermehrte Nutzung des Binnenschiffes als Güterverkehrsträger bzw. für trimodale Systeme nötig (durch die stapelbaren Container kann mit dem Binnenschiff erheblich effizienter als im RoRo-Verkehr transportiert werden). Könnte durch ein angepasstes Palettensystem der Modal Split zugunsten alternativer Verkehrsträger verbessert werden, wäre der volkswirtschaftliche Nutzen groß.

Im volkswirtschaftlichen Zusammenhang bedarf das Chep-System keiner weiteren Betrachtung, denn es ist ex ante makroökonomisch wenig sinnvoll. Zur Veranschaulichung: Das Chep-System entspricht in der Grundsystematik dem in der Fallstudie kalkulierten Einsatz der Kunststoffpalette – nur dass die Paletten eben nicht direkt bei der Anlieferung mit zurückgeführt werden, sondern separat beim Empfänger eingesammelt werden müssen, in ein Chep-Depot verbracht werden und dann wieder zum Verlader geliefert werden. Es ist unvorstellbar, dass dies nicht mit einem erheblichen Mehraufwand an Transportleistung verbunden ist, der als reine Palettentransporte erheblich stärker zu Buche schlägt als die in der vorliegenden Betrachtung zugrunde gelegten anteiligen Palettenkosten bei einem Warentransport.

18 Literaturverzeichnis

18.1 Offline-Quellen

1Logistics Zuralski: Produktdatenblätter, Slupsk, Stand März 2004

Arca Systems GmbH: Produktkatalog 2004, Perstorp, 2004

Association of Plastic Manufacturers in Europe: Paletten für die Chemische Industrie, Ausgabe 6, Brüssel, April 2004

Capka Plast Kunststoffverarbeitung GmbH: Produktdatenblätter, Weira, Stand März 2004

Engpässe bei 1.-Wahl-Paletten führen zu höherer Nachfrage nach neuen EUR, in: EUWID Verpackung, Ausgabe Nr. 19, 30.08.2004

Enns, Monika: Vielseitig und hart im nehmen, in: Fracht + Materialfluss, Nr. 2 / 2004, 36. Jhg.

Ernst, Eva Elisabeth: Das ewige Problem mit der Tauschpalette, in: Logistik inside, Ausgabe 06, Juni 2004, 3. Jhg.

Ernst, Eva Elisabeth: Der blaue Mietpool, in: Logistik inside, Ausgabe 08, August 2004, 3. Jhg.

Ernst, Eva Elisabeth: Der weiße Pool, in: Logistik inside, Ausgabe 07, Juli 2004, 3. Jhg.

Ernst, Eva Elisabeth: Die Zukunft liegt im Service, in: Logistik inside, Ausgabe 09, September 2004, 3. Jhg.

Illetschko, Peter: Auf Wiedersehen, Palette!, in: Der Standard, 11.03.2004

Institut für Transportwirtschaft (Hrsg.): Ladeträgereinheiten und Ladeeinheiten: Ihre Bedeutung für die Wirtschaftlichkeit von Transportlogistikketten, Teil B: Wirtschaftlichkeit der Palettensysteme in Österreich. Seminarbericht WU Wien 2000

Knorre, Jürgen; Hector, Bernhard: Paletten-Handbuch, Hamburg, 2000

Kommission der Europäischen Gemeinschaften: Vorschlag für eine Richtlinie des Europäischen Parlamentes und des Rates über intermodale Ladeeinheiten, COM(2003) 155 final, Brüssel, 07.04.2003

Mühlenkamp, Sabine: Bretter, die die Warenwelt bedeuten, in: MM Logistik, Nr. 1 / 2004, 3. Jhg.

o.V.: Alles Öko oder was ...?, in: Verpackungs-Rundschau, Ausgabe 10/2002, 53. Jhg.

o.V.: Die maßgeblichen Verbände einigen sich auf einheitliche Regeln für den Palettentausch, in: Logistik inside, Ausgabe 09 September 2004, 3. Jhg.

o.V.: Engpässe bei 1.-Wahl-Paletten führen zu höherer Nachfrage nach neuen EUR, in: EUWID Verpackung, Ausgabe Nr. 19, 30.08.2004

o.V.: Gefälschte Euro-Paletten vernichtet, in: Logistik Heute, Nr. 4/2001, 23. Jhg.

o.V.: Gemeinsam schlagen, in: dispo, Ausgabe 9 / 2004, 35. Jhg.

o.V.: Gemeinsam schlagen, in: dispo, Ausgabe 9 / 2004, 35. Jhg.

o.V.: Kein Palettentourismus, in Transport, Nr. 15 vom 20.08.2004, 14. Jhg.

o.V.: Keine Quarantäne für Holz-Hackschnitzel, in: Logistik heute, Nr. 9/2001, 23. Jhg.

o.V.: Klare Regeln für Tausch von Paletten, in: EUWID Verpackung, Ausgabe Nr. 19, 30.08.2004

o.V.: Klare Regeln für Tausch von Paletten, in: EUWID Verpackung, Ausgabe Nr. 19, 30.08.2004

Remer, D.: Einführen der Prozesskostenrechnung, Stuttgart, 1997

Ruthenberg, Robert: Das Holz machts! in: Fracht + Materialfluss, Nr. 2 / 2004, 36. Jhg.

Schulte, Christof: Logistik, 3. Auflage, München, 1999

SinoPlaSan AG: Produktflyer 2004, Stuttgart, 2004

Thiele, Clemens: Transportrechtliche Probleme beim Palettentausch, in: Österreichisches Recht der Wirtschaft, 1998, Jhg. 16

Union Internationale de Chemins de fer: UIC-Kodex 435-2: Güternorm für eine Europäische Vierweg-Flachpalette aus Holz mit den Abmessungen 800 mm x 1200 mm, 7. Ausgabe 01.07.94, Paris 1994. Geänderte Anlagen 1 und 1a sowie Anlage 3 Pkt 1.3 - 3. Absatz vom 01.01.1998

Verband der Chemischen Industrie e.V.: Handbuch für Verpackungen, Stand: Mai 2004

Verein deutscher Ingenieure: VDI Richtlinie Stahlpalette - VDI 2496, Oktober 1969

18.2 Online-Quellen

Altstoff Recycling Austria AG: Tarifübersicht / Preise, online. http://www.ara.at/. Gelesen 27.03.2004

Arbeitsgemeinschaft Palettenpool in der Wirtschaftskammer Österreich: Die Palettencharta, online. http://wko.at/industrie/argepalpoolcharta.htm. Gelesen 07.05.2004.

Becker Behälter: Flachpalette aus Stahlblech Typ SP, online. http://213.136.64.193/beckerbehaelter/start.asp. Gelesen 04.03.2004

BINI&C: Ecopal, online. http://www.biniec.com/de/ecopal.html. Gelesen 10.09.2004

Bischoff Gruppe: Verpackungen, online. http://spedition-bischoff.de/Bischoff_Gruppe/70_Lexikon/Verpackungen/. Gelesen 18.08.2004

BLG: FAQ, online. http://www.blg.ch/D/FAQ.htm.Gelesen 18.08.04

Brökelmann Geräte und Anlagenbau GmbH: Paletten / Gitterboxen, online. http://www.broekelmann-geraete.de. Gelesen 16.09.2004

Bundesverband Holzpackmittel, Paletten, Exportverpackung e.V.: Die ökologischen Pluspunkte der Holzverpackung, online. http://www.hpe.de/Infoholz/oekoplus/oekoplus.html. Gelesen 27.03.2004

Bundesverband Holzpackmittel, Paletten, Exportverpackung e.V.: Einfuhrvorschriften, online. http://www.hpe.de/einfuhrvorsch.htm. Gelesen 04.10.2004

Bundesverband Holzpackmittel, Paletten, Exportverpackung e.V.: Mit Kunststoffpaletten auf dem hygienischen Holzweg, online. http://www.paletten.de/meldungen.htm. Gelesen 31.03.2004

CCI Fördertechnik GmbH: Palettenmagazin, online. http://www.cad-company.com/Palettenstapler.htm. Gelesen 23.08.04

Chep: Was bedeutet Paletten- und Behälter Pooling?, online. http://www.chep.com/chepapp/chep?command=fwd&to=choosechep/what_is_pooling.jsp&lcd=de. Gelesen 29.09.04

Chep: Wie funktioniert das Chep Pooling System?, online. http://www.chep.com/chepapp/chep?command=fwd&to=choosechep/how_does_it_work.jsp&lcd=de. Gelesen 29.09.04

Enns, Monika: Vielseitig und hart im nehmen, in: mav online - Portal für die Fertigung. http://www.mav-online.de/O/121/Y/67129/VI/30131774/default.aspx. Gelesen 25.08.2004

European Pallet Association: Kennzeichnung EUR-Flachpaletten, online. http://www.epal-pallets.org/deutsch/framed.htm. Gelesen: 24.08.2004

European Pallet Association: Tauschkriterien EUR-Flachpaletten, online. http://www.epal-pallets.org/deutsch/framed.htm. Gelesen 24.08.2004

European Pallet Organisation: Kurzportrait, online. http://www.epal-pallets.org/deutsch/framed.htm. Gelesen 04.03.2004

GEPAK GmbH: Angebot, online. http://www.gepak.de/. Gelesen 10.09.2004

GROW e.V. – Verein für umweltfreundliche Holzverpackungen: Wissenschaft belegt: Holz hygienischer als Kunststoff, online. http://www.grow-deutschland.de/grow/html/publik/holz_hyg.htm. Gelesen 24.08.2004

Gütegemeinschaft Paletten: EUR-Flachpalette, online. http://www.gpal.de/1024/1024ie.htm. Gelesen 08.09.04

Gütegemeinschaft Paletten: Portrait, online. http://www.gpal.de/1024/1024ie.htm. Gelesen 24.08.2004

Haag Palettenzentrum: EUR-Flachpaletten, online. http://www.hpz.de/. Gelesen 23.08.04

Handelsagentur E. Lange GesmbH: Produktdatenblatt Chemiepaletten, online. http://www.palettenboerse.at/pdfs_downl/Chemiepaletten.pdf. Gelesen 10.09.2004

Handelsagentur E. Lange GesmbH: Produktdatenblatt Düsseldorfer Palette, online. http://www.palettenboerse.at/pdfs_downl/DueDo_DIN15146.pdf. Gelesen 10.09.2004

Handelsagentur E. Lange GesmbH: Produktdatenblatt Industriepalette, online. http://www.palettenboerse.at/pdfs_downl/4weg_A5302.pdf. Gelesen 04.03.2004

Hellmann Worldwide Logistics: Wissenswerte, online. http://www.hellmann.net/de/glossary/wissenswertes. Gelesen 18.08.2004

Inka Paletten GmbH: Vorstellung, online: http://www.inka-paletten.de. Gelesen 04.03.2004

Kaysersberg Packaging: Kay Pal Couche, online. http://www.kaysersberg-packaging.fr/de/produits/prcd_kaypal_couche.htm. Gelesen 24.08.2004

Kiga Kunststofftechnik GmbH: Vorstellung, online: http://www.kiga-gmbh.de. Gelesen: 09.09.2004

Klatetzki Stahlbau: Glänzende Eindrücke für die Industrie, online. http://www.klat-system.de/presse/aktuell/aktuell3.html. Gelesen 16.09.04

Klatetzki Stahlbau: Transport & Lagertechnik: Edelstahlpaletten, online. http://www.klat-system.de/transport2_prod1.html. Gelesen 16.09.2004

Klatetzki Stahlbau: Transport & Lagertechnik: Flachpaletten, online. http://www.klat-system.de/transport1_prod1.html. Gelesen 16.09.2004

Kranke, Andre: Europaletten: Polnische Eisenbahn verliert EUR-Vergaberecht, in: Logistik inside, online. http://www.logistik-inside.de/sixcms4/sixcms/detail.php/74581/de_news. Gelesen 07.06.2004

National Plant Quarantine Service: Quarantine Guidelines for Wood Packaging Material of Import Cargo, online. http://www.bba.de/index.htm. Gelesen 04.10.2004

NBH: Aluminium Paletten, online. http://www.goldnet.sk/aluminium/. Gelesen 16.09.2004

Paletten Börse: Holzpaletten, online. http://www.palettenboerse.de/holzpaletten.php. Gelesen 23.08.04

Paul Craemer GmbH: Euro H1-Hygienepalette - eine branchenübergreifende standardisierte Lösung, online. http://www.craemer.de/Kunststoffpaletten_EURO-H1-Referenzen.htm. Gelesen 04.03.2004

Paul Lindner KG: Paletten aus Wellpappe, online. http://www.paul-lindner.de/sortiment-palettenauswellpappe.html. Gelesen 10.09.2004

PFL Palettenfabrik: Düsseldorfer Palette, online. http://www.pfl-paletten.de/duesseldorfer%20palette.jpg. Gelesen 07.05.2004

Reichel, Michael: Die Euro-Paletten, online. http://www.fachkraft-fuer-lagerwirtschaft.de/europalette.html. Gelesen 23.08.04

Sall: Pallets in Tubolar Metal with Free Uprights - Metal Boards, online. http://www.sall.it/pdf/06_C_pal_tub_ped_met.pdf. Gelesen 04.03.2004

Schneider Leichtbau GmbH: Produktgruppen, online. http://www.schneider-gmbh.de/Deutsch/Produkte/Produktgruppenwahl/index.html. Gelesen 16.09.2004

SWAP Holding AG: Die SWAP - Einwegpalette, online. http://www.swap-sachsen.de/einwegpalette.htm. Gelesen 28.09.2004

Tillmann Verpackungen GmbH: Ökopaletten, online. http://www.muehlheim.de/tillmann/standard_k/oeko_paletten.html. Gelesen 24.08.2004

Wirtschaftskammer Österreich: Bundessparte Industrie fordert Lösung der Exportprobleme mit Italien aufgrund des Palettenproblems, online: http://wko.at/industrie/schlag.htm. Gelesen: 15.12.2003

WK Paletten AG: WK Paletten, online. http://www.wkpaletten.ch/product/frame_r.htm. Gelesen 07.05.2004

Maas Gesellschaft für betriebswirtschaftliche
Konzeption und Organisation mbH

Projekte mit Konzept

Die Stärke der beratenden Betriebswirte in der Maas GmbH ist es, kreativ bei der Entwicklung von Lösungen und Konzepten zu Werke zu gehen. Diese Kreativität verbinden wir mit unseren analytischen und organisatorischen Fähigkeiten bei der Umsetzung eines Projektes. Das Ergebnis ist ein ganzheitlicher Ansatz, der sich in einfache Worte fassen lässt: Projekte mit Konzept.

Projektmanagement als Gesamtlösung von der Idee bis zur Erfolgskontrolle.

Dies bedeutet, für die Aufgabenstellungen unserer Kunden in Unternehmen, Verbänden oder öffentlichen Stellen:

- die Anforderungen strukturieren,
- den Lösungsansatz entwerfen,
- die Umsetzung planen,
- die Realisierung organisieren,
- die Durchführung koordinieren
- sowie Qualität und Kosten kontrollieren.

Bei der inhaltlichen Konzeption Ihrer Projekte unterstützen wir Sie insbesondere mit unseren Kompetenzen in folgenden Clustern:

- Marketing
  Markt- & Absatzanalysen – Betriebskonzepte und betriebswirtschaftliche Betrachtungen für Unternehmensgründungen, Geschäftserweiterungen oder Unternehmensnachfolgen – Vertrieb: Verzahnung Vertrieb & Logistik – Regionalvermarktung – Aktionskonzepte & -koordination

- Kommunikation
  Wirtschaftsmediation / Schlichtung – Verhandlungs- und Konflikt-Coaching – Übergabeplanung in der Unternehmensnachfolge – Konfliktmanagement in Unternehmen und Institutionen

- Organisation
  Angebotsmanagement / Koordination von Förderanträgen – Wissensmanagement – Unternehmensorganisation – Projektstrukturierung & Projektmanagement

- Logistik
  Unternehmenslogistik: Verzahnung von Marketing & Logistik – City-Logistik / Urban Transport – Regio-Logistik / Nahversorgung – Inter- und multimodale Güterverkehre

- Qualität
  Qualitätsmanagement-Systeme – Qualitätsorientierte Aufbau- und Ablauforganisation – Qualitätssicherung im Projektmanagement

Maas Gesellschaft für betriebswirtschaftliche
Konzeption und Organisation mbH

Gewerbegebiet Schwabering 16 – D-83139 Söchtenau

Tel. 0049 (0)8053 / 799 546 – Fax 0049 (0)8053 / 799 547

E-Mail info@maas-projekt.de – Web www.maas-projekt.de

Weiter denken, wo andere aufhören
Pro-LogS Dr. Stütz Managementberatung steht für nachhaltig erfolgreiche Unternehmensberatung

Pro-LogS, Productivity and Logistics Solutions, ist eine junge heimische Unternehmensberatung, die sowohl Produktivitätssteigerung als auch professionelle Logistikberatung aus einer Hand anbieten kann. Dadurch sind wir in der Lage entlang der gesamten Supply Chain sämtliche ergebnisschmälernde Problempunkte zu identifizieren und effektiv operativ zu lösen.

Wir können Ihnen dabei helfen Ihr volles Potenzial auszuschöpfen – beispielsweise durch Effizienzsteigerungen in der Produktion, in der Materialwirtschaft, Logistik und Distribution oder durch die Steigerung der Schlagkraft Ihres Vertriebs. Dabei erzielen unsere Umsetzungsprojekte nachhaltige Ergebnisverbesserungen mit einem Return on Investment von mindestens 3:1.

Was hebt uns von anderen Beratungen eigentlich ab? Vieles, da wir in jedem unserer Projekte voll operativ tätig sind. Bei uns sitzen keine Berater in Büros, sondern sind aktiv im Firmengeschehen involviert. Als wir Anfang 2001 begonnen haben, waren wir zu zweit, jetzt sind wir bereits sechs Köpfe. Ein Zeichen dafür, dass unsere Beratung gefragt ist.

Lassen Sie mich ein Beispiel eines Beratungsprojektes zitieren. „Es war in Deutschland und wir waren mit der Neustrukturierung der Lagerlogistik betraut. Das erste was wir zu spüren bekamen, war der eisige Nordwind des Verkaufsleiters der immer wieder zu verstehen gegeben hat, dass wir, wenn wir ein Außenlager schließen, Umsatz verlieren. Nun in diesem rauen Klima war es nicht leicht, das Gegenteil zu beweisen. Was tun, wenn der Umsatz wirklich zurückging. Nach vielen knochenharten Analysen und Verhandlungen mit der Geschäftsführung entschlossen wir uns, das Lager trotzdem – unter gewaltigen Protesten – zu schließen. Wir waren täglich vor Ort, um den Übergang zu begleiten. Und was war das Ergebnis? Drei Monate später, hatten wir dort von über 1000 Kunden einen verloren, und der hatte einen negativen Deckungsbeitrag". Das Projekt war ein voller Erfolg.

Auch unser Honorarmodell ist auf Umsetzung ausgelegt. Haben Sie keinen Gewinn, so bekommen wir kein Honorar; einfach und transparent. Unsere Referenzen finden sie in jedem Bereich der Wirtschaft sowohl bei Klein- als auch bei Großunternehmen.

Herr Dr. Wolfgang Stütz – mit bereits mehr als 10 Jahre Beratererfahrung – möchte Ihnen in einem persönlichen Gespräch unsere Ansatzpunkte zur Verbesserung der Wertschöpfung in Ihrem Unternehmen vorstellen. Testen Sie unsere Kompetenz und vereinbaren Sie einen Termin mit uns. Wir stehen Ihnen jederzeit gerne zur Verfügung.

Pro-LogS - Dr. Stütz Managementberatungs ges.m.b.H.
Kaiserebersdorfer Straße 234, 1110 Wien

Tel Nr. 0043 (1) 769 93 81 Fax Nr. 0043 (1) 768 46 38
Email: stuetz@prologs.at www.prologs.at